生气不如长志气

负面情绪如何转化为正能量

蔡怡璇◎著

中国华侨出版社

图书在版编目(CIP)数据

生气不如长志气：负面情绪如何转化为正能量 / 蔡怡璇著.
—北京：中国华侨出版社，2014.3 （2021.4重印）

ISBN 978-7-5113-4400-7

Ⅰ.①生… Ⅱ.①蔡… Ⅲ.①情绪–心理学–通俗读物

Ⅳ.①B842.6–49

中国版本图书馆 CIP 数据核字(2014)第019127 号

生气不如长志气：负面情绪如何转化为正能量

著　　者 /	蔡怡璇
责任编辑 /	宋　玉
责任校对 /	孙　丽
经　　销 /	新华书店
开　　本 /	787 毫米×1092 毫米　1/16　印张/16　字数/240 千字
印　　刷 /	三河市嵩川印刷有限公司
版　　次 /	2014年3月第1版　2021年4月第2次印刷
书　　号 /	ISBN 978-7-5113-4400-7
定　　价 /	45.00 元

中国华侨出版社　北京市朝阳区静安里 26 号通成达大厦 3 层　邮编：100028

法律顾问：陈鹰律师事务所

编辑部：(010)64443056　　　64443979

发行部：(010)64443051　　传真：(010)64439708

网址：www.oveaschin.com

E-mail：oveaschin@sina.com

前　言

古时候，有一个叫爱地巴的人，他一生气就跑回家去，然后绕自己的房子和土地跑三圈。后来，他的房子越来越大，土地也越来越多，而一生气时，他仍要绕着房子和土地跑三圈，哪怕累得气喘吁吁，汗流浃背。

孙子问："阿公！您生气时就绕着房子和土地跑，这里面有什么秘密？"

爱地巴对孙子说："年轻时，一和人吵架、争论、生气时，我就绕着自己的房子和土地跑三圈。我边跑边想，自己的房子这么小，土地这么少，哪有时间和精力去跟别人生气呢？一想到这里，我的气就消了，也就有了更多的时间和精力来工作和学习了。"

孙子又问："阿公！房子大了土地多了，您为什么还要绕着房子和土地跑呢？"

爱地巴笑着说："边跑我就边想啊，我房子这么大，土地这么多，又何必和人计较呢？一想到这里我的气也就消了。"

走在悠悠的人生道路上，鲜花和荆棘映衬，坦途和坎坷衔接，艳阳和风雨交织，得意和失意错位。我们都是凡尘俗子，都会因为工作、生活、感情的不顺而生气、愤怒、抱怨，苦恼越来越多，幸福越来越少。苦恼太多，因为我们的心胸不够宽广；幸福太少，因为我们没有细细品味。

随着越来越大的生活和工作压力，人们的生活也并不那么轻松和快乐，总会因为一些鸡毛蒜皮的琐事而闷闷不乐、耿耿于怀。生气是一种常见的情绪反应，如果任由这种情绪肆意蔓延而不加控制，久而久之会毁掉一个人的工作、生活和身体。越来越多的科学实验和事实证据表明，生气直接影响个人身体健康。容易生气的人，也更容易患上脑溢血、心脏病等疾病，也会与癌症走得更近。无论你有多富有，多成功，在疾病面前，都会功亏一篑。"人生就像一场戏，因为有缘才相聚，相扶到老不容易，是否更该去珍惜，为了小事发脾气，回头想想又何必……"这是人们耳熟能详的《不生气歌》。不生气是一种修行，不生气的人，有着良好的精神状态，胸纳百川，处世泰然，永远健康有活力。

不生气，你就赢了。世事如风，一切都在不停更迭和变化，你所能做的，就是淡然安定的生活，不因功成名就而欢欣鼓舞，也不因挫折磨难而失魂落魄。时刻保持宽怀与淡定的心态，不生气，不抱怨，不失控，以超脱的心态看待人世，学会放下和舍得，过智慧从容淡定的人生。本书围绕工作、感情、生活、交友等几个方面，告诉读者如何培养宽容豁达的心胸，遇事淡定不生气，做真正的赢者。

既然无处可躲，不如面对；既然无处可逃，不如喜悦。既然没有净土，不如静心；既然没有如愿，不如释然！

CONTENTS
目录

上篇

相遇不是用来生气：好心情有好人生

大千世界，芸芸众生，人与人之间的磕磕碰碰总是在所难免。若为琐事生气，生活就会失去风平浪静，而变得波涛汹涌。相遇是一种美好，不应用生气来诠释。快乐是一种心情，要由胸怀来承担。坦然的心性，不计较的人生，心胸如大海般宽广，心情如蓝天般明净。

第一章

把愤怒看成一种毒药，不因冲动生气

愤怒是一种消极的心理情绪。若能在愤怒面前保持冷静和执着，你就胜过发怒的人。如果控制不住愤怒，大动肝火，既伤人，又害己。

第二章

把摩擦看成一种修炼，不因小事生气

生活中突如其来的小摩擦、小冲突，难免会打扰了内心的平静，人们也易为之动怒。把摩擦当成是对脾气的修炼，平和以对。不生气，心中自有一片晴天。

第三章

把变故看成一种常态，不因意外生气

明天和意外，你永远不知道哪个先来。人生充满变数，在意外面前，你若愤怒和抱怨，境况也许会更糟，你若保持一颗平常心，安之若素，柳暗花明就在前方。

第四章

把挫折看成一种阅历，不因境遇生气

人生几多风雨，几多无奈。人生路总是不平坦，生活中总会出现坎坷，面对种种不如意，我们都不能生气，也不能抱怨，只要把心放宽，勇对挫折，生活就会晴空万里。

第五章

把打击当成一种挑战，不因挑衅生气

生活中，我们不妨拥有一种"阿甘精神"，面对打击和挑衅，心中自有平湖，焦虑、困惑、苦恼、麻烦便会自去。以镇静的心态面对现实，少一份浮躁就多一份明智。

第六章

把非议看成一种监督，不因流言生气

人人都有惹人非议、被人误解的时候，甚至被流言蜚语围绕。面对流言，保持"任尔东西南北风，我自岿然不动"的态度，泰然处之，是是非非，总会水落石出。

第七章

把争端看成一种切磋，不因分歧生气

学会如何化解争端，调和矛盾，方能为自己创造和谐融洽的氛围。

第八章

把理财当成一种习惯，不因拮据生气

要想获取成功，就要保持一颗平心静气的心，这样才能得到财富的垂青。如果因为财务状况不佳而怨气冲天，就只

会一日日消沉下去。

第九章

把负重当成一种锤炼，不因压力生气

我们每个人都面临着巨大的生活压力和工作压力。过多、过大的压力会严重地损害我们的身心健康，很多人因为压力而生气，然而，生气并不是释放压力的好方式。没有负重的生命不是完整的生命，没有负重的人生不是圆满的人生。

下篇

生气是一种负能量：情绪的转化密码

情绪，每天和我们如影随形，却又让我们无从把握。面对自己或他人的情绪，我们常常惶恐不安、不知所措。生气是一种负面情绪，有着极强的破坏性。生气时，学会释然，或哼一首快乐的曲子，或合闭双目，以此来转化心境，改变情绪，感受快乐的自我。

第十章

生气是一种破坏性很大的坏情绪

生气是一种难以控制自己的情绪，往往需要合适的方式宣泄出来。如果方式不当，对人对己都会产生很不利的影响，甚至起到破坏性的作用。了解自己的情绪，体察自己和他人的情绪，从而转化自己的负面情绪，体谅他人的坏情绪。

第十一章

生气有代价，失控的情绪伤人伤己

每个人都会生气，都有情绪难以控制的时候。失控的情绪伤人伤己，不仅解决不了根本问题，还会加剧事态的恶性发展。怒火中烧，最后往往伤到的是自己，到时就悔之晚矣了。克制怒气，做到怒中有静，这是一种涵养和智慧。

第十二章

转化情绪，管住情绪不失控

当你面对各种各样的负面情绪的时候，你会怎么做？每个人都有不同的宣泄情绪的方式，而最佳的排解负面情绪的方式就是"转化情绪"，让愤怒、焦虑、埋怨等这些令我们烦恼的情绪，全部转化为积极的、乐观的、向上的正能量，这样就能免受负面情绪的侵袭了。

第十三章

冲动是魔鬼，情绪上要沉得住气

我们都说"冲动是魔鬼"。诚然，冲动的情绪解决不了任何
问题，只会火上浇油，遇事要稳得住心，沉得住气，守得
住嘴，冷静面对，事情就会越来越顺。沉住气，控制情绪，
大度为怀，这是成大事必备的素养。

第十四章

征服情绪，你就征服了一切

如果你不能左右情绪，就会被情绪左右。情绪可以管理，
情绪决定一切。提高情商，征服情绪，控制心情，拥有良
好的情绪状态，你就能掌控自己的人生。

上篇

相遇不是用来生气：好心情有好人生

大千世界，芸芸众生，人与人之间的磕磕碰碰总是在所难免。若为琐事生气，生活就会失去风平浪静，而变得波涛汹涌。相遇是一种美好，不应用生气来诠释。快乐是一种心情，要由胸怀来承担。坦然的心性，不计较的人生，心胸如大海般宽广，心情如蓝天般明净。

第一章　把愤怒看成一种毒药，不因冲动生气

愤怒是一种消极的心理情绪。若能在愤怒面前保持冷静和执着，你就胜过发怒的人。如果控制不住愤怒，大动肝火，既伤人，又害己。

愤怒的地雷

"愤怒，就像地雷，碰到任何东西都一同毁灭。"——培根

喜怒哀乐是人之常情，愤怒是一种激烈的情绪表现。在生活中，偶尔发泄一下怒火也不为过，只是凡事都有一定的限度，有些人常常控制不好自己的情绪，一碰到什么烦心的事、不顺心的人，就大叫大嚷，甚至拍桌子、砸板凳，这就有些过了。

人们常说"气大伤身"，这话是有一定的科学道理的。

美国生理学家爱尔马做过这样一个实验。

把一支支玻璃管插在正好是零摄氏度的冰水混合容器里，然后收集人们在不同情绪状态下的"生气水"，描绘出了人生气的"心理地图"。结果发现，

当一个人心平气和时，呼出的气溶于水后是澄清透明的；悲痛时水中有白色沉淀；生气时有紫色沉淀。他把人在生气时呼出的"生气水"注射在大白鼠身上，几分钟后大白鼠就死了。由此他得出结论：生气10分钟会耗费人体大量能量，其程度不亚于参加一次300米赛跑。生气所引起的生理反应十分强烈，产生的分泌物比其他情绪所产生的都复杂，并且更具有毒性。因此，动不动生气的人很难健康。

生气会使人产生不良情绪及消极的心境，还会使人闷闷不乐、低沉抑郁，进而阻碍情感交流，导致内疚与沮丧。有关医学资料认为，愤怒会导致高血压、胃溃疡、失眠等。情绪低落、容易生气的人，患癌症和神经衰弱的可能性要比正常人大。同病毒一样，愤怒是人体中的一种心理病毒，会使人重病缠身，一蹶不振。

生活中，我们常常会冒着"自伤"的危险大动肝火，而"脾气"在人与人之间的交流中，又会带来怎样的后果呢？没本事而有脾气的人，自来被视为末等人，他们的暴跳如雷，常常被人当笑话看，即使有真本领的人，如果不能自我克制，也会贻误大事。

三国时的猛将张飞，令敌军闻风丧胆，可谓是一世英雄。但他性情狂躁、刚愎自用。关羽战死后，为了表达失兄之痛和报仇雪恨之心，张飞竟令三军"挂孝伐吴"。两员大将范强和张达一时未能筹措到"白旗白甲"，张飞便叱令武士将两人"缚于树上，各鞭背五十"。鞭打两人之后，他又用手指着他们说："来日俱要完备！若违了限，即杀汝二人示众！"仅仅因为这样一件无关紧要的事，便"打得二人满口出血"。两人因受此大辱，咽不下这口气，竟合谋趁张飞醉卧酣睡之机，用短刀将他刺死。睡梦之中，张飞大叫一声而亡，时年 55 岁。一员虎将没死在战场上，却因为自己的暴躁性格而惨死在自己人的手下。

遇事不冷静、头脑发热、任情绪做怪，常会惹出让自己悔之莫及的事来，有的甚至无法弥补。

愤怒是情绪中可怕的暴君，愤怒的行为会伤害他人，也会伤害自己。培根说："愤怒，就像地雷，碰到任何东西都一同毁灭。"如果你不注意培养自己忍耐、心平气和的性情，一碰到"导火线"就暴跳如雷、情绪失控，即便你有再大的成就，也会因此全部被"炸"掉。

要求一个人保持一颗平静快乐之心很不容易，因为快乐就像自信一样，是一种良好的心态，你到底有多快乐最终还得取决于你自己，有时只要我们换一种角度思考问题，一切都会变得不同。

有一位禅师非常喜爱兰花，在平日弘法讲经之余，花费了许多时间培育兰花。有一天，他要外出云游一段时间，临行前交代弟子：要好好照顾寺里的兰花。在这期间，弟子们总是细心照顾兰花，但有一天浇水时不小心将兰花架碰倒了，兰花盆都碎了，兰花散了满地。弟子们都非常担心被师父责罚，打算等师父回来后，向师父赔罪领罚。

禅师回来了，闻知此事，不但没有责怪，反而说道："我种兰花，一是希望用来供佛，二是为了美化寺里环境，不是为了生气而种兰花。"

禅师说得好，不是为了生气而种兰花。他之所以看得开，是因为他虽然喜欢兰花，但心中却无兰花这个挂碍。因此，兰花的得失，并不影响他心中的喜怒。实际上，要想克服一些由小事引起的烦恼，只要把看法和重点转移一下就可以了——让你有一个新的、开心点的看法。

一个人的情绪好坏，是受他当时的思维影响的，只要我们不钻牛角尖，你就会发现，世上几乎没有什么事情不可以寻找一个和平的解决方案。比如你在和一个人争吵时，如果心里一直在想对方做了什么很过分的事情，觉得他是错的，情绪就会越来越糟，火气也越来越大；但如果这时你理智一点，在心中告诉自己：也许我的观点也有些不对，也许是对方有苦衷，也许这件事可以通过讨论来解决……高涨的情绪就会降下来，心情也会好一些。所以，在遇到什么事情感觉自己情绪不对时，可以提醒自己跳出当前的场景来仔细想清楚："这样发脾气有意义吗？不但对自己的身体有害，而且会给对方造成伤害甚至使我们之间的关系恶化。这样对解决问题有帮助吗？其实我可以通过其他途径来解决的！"这样想了以后，你的情绪就会缓和下来，也可以更好地处理各种问题。

克制体现出成熟美。一个成年人如果不懂得克制，往往会被人看得轻浅、无知，容易被看作经受不住痛苦、挫折和失败。一个人沉不住气又怎能挑起重担，干出一番大事业呢？

何必针尖对麦芒

用冷处理的方法对待感情冲突。

当一个男人和一个女人长期相处时，无论是作为夫妻还是恋人，偶尔的争吵总是不可避免的。吵架本身很正常，因为人都是感情的动物，并非铁板一块，勺子碰锅沿儿的争执，还间接地起到一定的沟通作用呢。但是我们要知道，吵架要吵那种"建设性"的架，有什么看法说出来，有什么不满表现出来，让对方知道你的观点和底线，对以后的相处大有裨益。如果带着满腔的怒火去争吵，专挑解恨的话说，专挑杀伤力大的话说，这种吵法，就不是"建设"而是"摧毁"了。

维民是大学同班男生中结婚最早的，妻子漂亮，让朋友们羡慕，可度完蜜月后，他们就摩擦不断。说起来都是些小事，可串在一起就让维民觉得气不顺。维民不是一个小家子气的男人，就是有些诸如爱睡懒觉、大大咧咧之类的毛病，妻子蛮勤快，可是脾气急躁，又喜欢按着自己的意愿行事，让他觉得头疼。

有一个周末，维民有一个多年不见的老同学来看他，他们在一起喝酒聊天，一直到半夜才散。第二天早上，维民还在睡梦中时，妻子把他拍醒，告诉他今天要到她父母家吃饭，有点活儿顺便干了。此时维民残酒未消，只觉得头发晕且眼睛发涩，于是向妻子求饶道："老婆，我再睡一会儿，晚一会儿再去好吗？"看到维民打定主意，妻子火了："是同学重要还是我父母重要啊？你有时间陪同学就没时间帮老人干点儿活？"维民嘀咕一句："我同学又不是常来，平时你父母那边有什么事还不都是我来做，就差这一天了？"妻子睁大了眼睛："委屈了是吗？早知道这么爱抱怨，当初我就不应该嫁给你。"看妻子越扯越远，维民干脆拉过被子蒙上头，来个充耳不闻。妻子上前一把扯下被子，叫道："我每天忙里忙外，就那么招你讨厌？看看外面喜欢谁到谁那里去！"维民急了，抓起枕头就往地上扔："怎么了，有完没完！"妻子的火气更大了，顺手抄起一只杯子摔个粉碎，满地的玻璃碴子，预示着这一天有一个无比糟糕的开始。

生活中，生气是一种比较常见的情绪，面对让你激动、愤怒的事情，我们直接把它们宣泄出来，固然可以如释重负、身心俱轻，但最后的结果常常是无关紧要的一点小事，却弄得非常糟糕。一个人最怕感情用事，让怒火烧掉了平和与宽容之心，做事就会错误百出。大部分的男女在争吵时，所说的话都是没过脑子的气话，他们只图一时口快，于是忽略了对方的感受，针尖对麦芒，彼此都被扎得伤痕累累。等到情绪平静后，才来懊悔当初，这是许多人的通病。

与爱人争吵时，你需要先静下心来想一想：你是对他这个人不满，还是仅仅对于眼前这件事不满？你想要的结果是什么呢？是让他意识到自己的某些不足，然后继续花好月圆，还是让两人的关系急剧恶化，闹到不可收拾的地步？

相信对于大多数人，都没有彻底破坏家庭关系的"异心"，那么，争执的时候，千万不要让自己的情绪失控。

于晖在公司里忙了一天后，终于回到家里，他把身子深深地埋进了沙发里，拿起了一张报纸，想安静地坐一会儿，以求放松和解脱。虽然白天的工作中，还有些问题没有解决，但是他想暂时忘记它们，来获得轻松的感觉。

这时，老婆也下班回家了，看得出她这一天也过得不是很愉快。当她看到"无所事事"的丈夫时，精神为之一振，她也想身心松弛一下，不过，她更迫不及待地希望当着老公的面，把想法和心情一一说出来，因为她觉得只有和老公聊一聊，她的心里才会更舒服一些。

"我好累啊！老公，我觉得我的时间好像总是不够用，我们公司可真苛刻，每个月的销售额都订那么高，我这个月可能又不能完成任务了！"

"其实每个公司都差不多，你尽力就好了！"

"哎，我也想啊，可是我们主管总是不停地催促，恨不得我们 24 小时去给他卖命，真够可恶的！还有，和我一组的小张，做事情一点儿都不得力，这样下去，会拖我后腿的，他那个没有长进的样子，看见就烦！"

于晖很累，顾不上安抚老婆，他嗯嗯呀呀地随口应着，走神走了十万八千里。看到他一副事不关己的冷漠面孔，老婆生气了："知道你一点儿也不在乎我，我就不费这口舌了，真是的！"于晖把报纸扔到茶几上，说："我究竟有什么错？你到底让我怎么办？我想休息一会儿，这要求过分吗？"

争吵之后，于晖感到无比的厌烦，于是，他跑出了家门，把车开出来，准备到马路上狂飙一下。

在车里，听着自己喜欢的音乐，于晖紧绷的心完全放松了下来，在这个只属于自己的私密空间中，于晖感到无比的轻松和舒适，他甚至跟着音乐唱了起来。

两个小时后，于晖回到家里，心情却是美好而宁静的，他拉着妻子的手又是赔礼，又是道歉，终于把妻子哄得破涕为笑。

　　有一项对于家庭关系的调查表明，导致夫妻反目的原因，一般都不是什么原则性的大事，而日常生活中反复的唠叨、争吵、摩擦和冲突，却往往让人心力交瘁，以致完全对婚姻生活失去信心。所以不要以为"生气"不是大事，脾气无须控制，小的不愉快积累到一定程度，量变到质变，将有可能影响你前面的路。

　　爱人之间的小冲突，不妨试一试冷处理的办法。要驾驭愤怒情绪，有一个小的技巧——数数。数数字，一直数到不发火。有人说数数字数到 60 的时候，一般有火也就发不起来了。控制自己的脾气，可以使我们获得更多平静与幸福。

发怒会让你远离真理

愤怒会让你没有可退之路。

如果说爱人之间发脾气会伤害到双方，那么在职业场合，脾气再大也伤不到对手，受损的只是自己的职业生涯。

发怒会使人远离真理。世上很少有因为愤怒而使问题和矛盾获得解决的；相反，常常因为愤怒把事情搞僵了、搞糟了。愤怒时，极而言之，极而行之，没了后退之路，没了回旋的余地。本来有理，反而变成了没理；本来是小事，结果闹成了大事。

马丁其实是个很正直的人，没有什么心计，心里怎么想的就怎么说，简单地说，他说话做事都是率性而为。

"我没觉得这样有什么不好，要是一个人老是看别人的脸色过日子，那不是太辛苦了吗？"家人和朋友劝说他的时候，他总是这样理直气壮地回答。

不管是在家里还是在公司，也不管对方是谁，不管当时是什么场合，只要他的脾气上来了，他就会不加克制地说出内心的想法，甚至勃然大怒，有时弄得别人非常尴尬。知道他脾气的人也就不和他计较，但是更多的人还是不喜欢他，因为他们几乎都因为马丁的某句话或者某个行为而遭遇尴尬，虽然大家都知道他没有害人之心。

然而，他却害了自己。因为有一天他和上司大吵了一架。他当着众多同事的面大吼大叫，最后抓起公文包，指着上司的鼻子，大声说："你厉害！我就是不吃这一套，我不干总可以了吧！"

可是第二天他仍然要面对上司，因为他找不到更好的工作。但是，从此以后他一直做着无关紧要的工作，而别的同事都纷纷提升或者加薪了。

这就是马丁率性而为的结果。其实每个人都和他想的一样，都不想看别人的脸色而生活。人生在世，如果说话做事都能率性而为，也就没什么可遗憾的。但事实证明这是不可能的，甚至只能是一个美妙的幻想。

在职场，发脾气绝对不等于"个性"。我们需要在社会上生存，凡事不可能都如自己所想，收敛身上的棱角、懂得妥协和变通的人，才是堪当大任的人。

2003 年 1 月，马军接到其代理的国外著名品牌公司秘书的电话，说总经理将在 2 月 4 日访问中国，请提前做好安排，马军一看日历，马上说这个日子不合适。秘书说："总经理的行程很早就定下来了，我改不了。"

马军直接把电话打给总经理。总经理很诧异："马军，你在我们公司做了这么多年，应该知道，我的计划是一年前定下来的。"马军不急，他只是很巧妙地用一个数据改变了总经理的想法。马军说："您知道吗？我们中国的春节是 5000 年前就定下来了。"

于是，总经理妥协了，把他所有的行程调整了一下，2 月 28 日到了中国。

这是一次双赢，也是马军一贯的风格。马军从来不和谁红脸，他总是能够找到方法来改变他认为不合理的决定。

对于年轻人和后来者，你可能与马军的距离十分遥远，但是这不妨碍我们学习他的处世风范。我们现在所做的所有努力，都是为了让自己或者家人生活得更好，弹性的应对方案是必然的选择。你若坚持率性而为，发泄了当时对事态不满的情绪，就会影响你一生的机会，而且还留给别人脾气暴躁的不良印象。时间长了，还会有谁喜欢和你合作？愿意支持你？甘愿给你发展的机会？

一个成熟的职业人，绝不会因为一些小事大发雷霆，犯那种"不职业"的错误。理智能够阻止他提出最冲动的反对意见，阻止他采取激愤的过激行为。在完全接受了控制自我情绪的观点以后，他将逐渐掌握控制和调整自己的情绪和行为的技巧。

如果你就是一个经常会发怒的人，下面的方法可以帮助你进行自我调适。

第一步，对自己以往的行为进行一番回忆评价，看看自己过去发怒是否有道理，是否把火气迁怒给别人。在发怒之前，你最好分析一下，发怒的对象和理由是否合适，方法是否适当，这样你发怒的次数就会减少 90%。

第二步，低估外因的伤害性。生活中我们可以观察到，易上火的人对鸡毛蒜皮的小事都很在意，别人不经意的一句话，他会耿耿于怀。过后，他又会把事情尽量往坏处想，结果，越想越气，终至怒气冲天。脾气不好的人喜欢自寻烦恼，没事找事，惹点祸来闯闯。

制怒的技巧是：当怒火中烧时，立即放松自己，命令自己把激怒的情境"看淡看轻"，避免正面冲突。当怒气稍降时，对刚才的激怒情境进行客观评价，看看自己到底有没有责任，恼怒有没有必要。

第三步，巧妙地发泄自己的愤怒，而不伤害别人。有个日本老板想出奇招，专门腾出一个房间，摆上几个以公司老板形象为模型制作的橡皮人，有怒气的职工可随时进去对"橡皮老板"大打一通，揍过以后，职工的怒气也就削减了大半。

如果你平时生气了，出去参加一次剧烈的运动，看一场电影娱乐一下，出去散散步，这些都与痛揍"橡皮老板"有异曲同工之妙。

清除情绪垃圾

家庭不是坏情绪的垃圾场。

一个家庭是不是幸福，经济条件只是其中之一，一些富丽堂皇、应有尽有的家庭不一定就是幸福的，因为相对于物质，幸福更是一种能力，来自当事者的感受。

如果你认为自己是不幸的，并且总是时时刻刻盯着自己的不幸，怨天尤人、牢骚满腹，那么你就真的是一个不幸的人，你的家里，也会充斥着你所制造的情绪垃圾，对家里每一个成员都会产生负面影响。

一个周末的傍晚，凯勒在后阳台上整理白天拿出来暴晒的旧书，正巧看见与他相隔一条防火巷的邻居家的女主人在阳台上洗碗。

她动作十分利落，水声与碗盘声铿锵作响，像发自她内心深处的不平与埋怨。

这时候，她丈夫竟从客厅端来一杯热茶，双手捧到她面前。

这感人的画面，差点叫人落泪。

为了不惊扰他们，凯勒轻手轻脚地收起书本往屋里走。正要转身时，他听到那天生不幸福的女人回赠那同样不幸福的男人："别在这里假好心啦！"

丈夫低着头又把那杯茶端回屋里。

凯勒想，那杯热茶一定在瞬间冷却了，像他的心。

继续在洗碗的邻居，还是边洗边抱怨："端茶来给我喝干吗？少惹我生气就行了。我真是苦命啊！早知道结婚后要这么做牛做马，不如不结。"

也许她需要的不是一杯热茶，而是丈夫能分担她的家务。但是，在丈夫对她献殷勤的时候，实在没有必要把情绪发泄到对方身上。这时候她亲自扮演了自己幸福的杀手。

一个缺乏理解的家庭是危险的，要常常换位思考一下，不要把自己的想法强加于人，要给予对方解释的机会，这样才能让婚姻更完美，幸福更长久。

在家庭内部，男女主人是驾船的人，而由他们共同赡养的老人和共同扶养的孩子，则是这只家庭小船上的乘客，如果小船上总是充斥着情绪的急风骤雨，处于弱势地位的老人与孩子则是直接的受害者。

小孩子从四五岁开始，已经能够清楚地认识到自己和周围世界的联系，比如谁在保护我、谁能伤害我、他们之间的关系又是怎样的，等等。家庭关系不和谐，会使孩子长期处于恐惧焦虑和无所适从的状态，这会严重影响了他们的身心发育。

孩子在生活和学习中难免要犯各种各样的错误，这时，做父母的不能一味地批评，更不要把批评变成对自己情绪的发泄。过激的批评、嘲讽就像一把无形的刀，深深地刺伤了孩子天生敏感的心。

爸爸妈妈很重视对小文的培养，这当然是好事。但父母好像只会用最简单、粗暴的方法逼迫小文学习，剥夺他玩的时间，并不知道如何教育才更合理、更有效果。

一天，小文把一道小数乘法计算题算错了，爸爸竟给他讲了一个多小时小数的概念，弄得他丈二和尚摸不着头脑，根本听不进去还不敢吱声。每次考完试，妈妈一看试卷上的分数不高，顿时就会火冒三丈，把试卷狠狠地往小文脸上一丢，气呼呼地瞪着小文："你自己看看！自己看看！怎么就考这么点分？真不知你是怎么学的！你的脑子是用来干吗的？平时叫你背书你不背，叫你记单词你也不记，整天就知道玩！玩！玩！真是无药可救！不知羞耻！我都替你感到脸红！爸妈累死累活为了什么？就是为了你这点分数啊？周六、周日别玩了！"然后把一大堆应用题塞过来，而实际上这些应用题与小文答错的题一点关系都没有。

由于父母并不知道小文的学习内容，也不知道小文究竟什么地方有差距，结果往往只能是给小文增添更多的学习负担和压力。小文一天天变得沉默寡言，学习成绩不见提高，反而一天天下降。

在辱骂环境中成长的孩子，心理压力大，常常会感到紧张、恐惧、惶恐不安，性格容易变得内向。当他们被父母用污言秽语责骂时，还会感到愤怒与厌恶，同时又在潜移默化中学会了满口污言秽语，并施与他人。自信、自立的基础是自尊，一个在辱骂中长大的孩子，他的自尊是残缺的，他的内心会感到焦虑、无助、自卑和不快乐。这样的孩子，又如何有信心面对生活和事业？

家庭成员之间的人际关系决定了家庭成员的心理素质和家庭的稳定程度。现代家庭中的亲子关系既是长辈和晚辈的关系，也是伙伴和朋友的关系，从前者看，父母要爱子女，关心他们的成长，帮助他们克服困难、树立信心。子女对父母要尊重和爱戴。从后者看，父母与子女之间应平等，相互尊重，特别是父母应尊重孩子的人格。夫妻之间更应相互理解，共同承担家务和教育子女的责任。家庭人际关系的和睦有利于家庭成员的心理相容，避免心理冲突，使家庭成员的心理健康水平不断提高。

要拥有一个幸福的家，我们应该以爱心克服不良情绪，遇事相互体谅，共同寻找失败的原因，决定下一步的方向。一味地生气，只能使你的发泄带来更多的对抗，致使家里的每个成员都在不良情绪的笼罩下生活。

拔掉“脾气”的刺

脾气会冲散你的朋友。

美国总统林肯以伟大的业绩和完美的人格获得了人们的衷心敬仰，他的许多事迹被人们世代传诵。但他在成长道路上也曾因为身上的刺而经历了不少的坎坷。

林肯年轻时，不仅专找别人的缺点，也爱写信嘲弄别人，且故意丢弃在路旁，让人拾起来看，这使得厌恶他的人越来越多。

后来他到了春田市，当了律师，仍然不时在报上发表文章为难他的反对者。有一回他做得太过分了，最后，把自己逼入困境。

1942年秋天，林肯嘲笑一位虚荣心很强又自大好斗的爱尔兰籍政治家杰姆士·休斯。他匿名写的讽刺文章在春田市报纸上公开以后，市民们引为笑谈，惹得一向好强的休斯大发雷霆，打听出作者的姓名后，立刻骑马赶到林肯的住处，要求决斗。林肯虽然不赞成，却也无法拒绝。身高手长的林肯选择了骑马比剑，请求陆军学校毕业的学生给他教授剑法，以应付密西西比河沙滩的决斗。后来在双方监护人的排解下，决斗风波才告平息。

这件事给了林肯一个很深的教训，他认识到批评别人、斥责别人甚至诽谤别人的事就连最愚蠢的人都不会做。而一个具有优秀品质并能克己的人，常常是扬弃恶意而使用爱心的人。从此，林肯改变了自己对人刻薄的做法，以博大的胸怀赢得了民心。

我们在生活中，难免与别人产生误会、摩擦。如果不注意，人与人之间的相互排斥与仇恨便会悄悄增长，最终会导致堵塞了自己通往成功的路。对于不同的人，要懂得用不同的相处之道化解矛盾，赢得友谊。

山顶住着一位智者，男女老少不管谁遇到大事小情，他们都来找他，请求他提些忠告。

这天，又有年轻人来求他提忠告，智者仍然婉言谢绝，但年轻人苦缠不放。智者无奈，他拿来两块窄窄的木条、两撮钉子，其中一撮是螺钉，另一撮是直钉。另外，他还拿来一个榔头、一把锤子、一个改锥。

他先用锤子往木条上钉直钉，但是木条很硬，他费了很大劲也钉不进去，倒是把钉子砸弯了，不得不再换一根。一会儿工夫，好几根钉子都被他砸弯了。最后，他用钳子夹住钉子，用榔头使劲砸，钉子总算歪歪扭扭地进到木条里面去了。但他也前功尽弃了，因为那根木条也裂成了两半。

智者又拿起螺钉、改锥和锤子，他把钉子往木条上轻轻一砸，然后拿起改锥拧了起来，没费多大力气，螺钉钻进木条里了，天衣无缝。

而他剩余的螺钉，还是原来的那一撮。

智者指着两根木条笑笑："忠言不必逆耳，良药不必苦口，人们津津乐道的逆耳忠言、苦口良药，其实都是笨人的笨办法。那么硬碰硬有什么好处呢？说的人生气，听的人上火，我活了这么大，只有一条经验，那就是绝对不直接向任何人提忠告。当需要指出别人的错误的时候，我会像螺丝钉一样婉转曲折地表达自己的意见和建议。"

　　在与人交流时，不要以为内心真诚便可以不拘言语，我们要学会委婉艺术地表达自己的想法。人和人不可能都一样，我有我的道，人家有人家的道。求同存异、携手共进，才是一种成熟的处世方式。

　　在现实社会中，也许四周都充满了你不喜欢的人，而这种人愈多，你就愈不容易生存，所以我们要尽量与人亲善，消除别人在我们心中的坏印象。把自己融入现实之中并没有想象得那么困难，即使是你一向厌恶的人，只要你有心，慢慢地也会与之建立起一种亲切的关系。

　　有些人交朋友的时候，会经过一种下意识的选择，避免与自己兴趣不同、印象不良的人交往，怕关系不好处，怕受伤，也怕自己伤人。这些做法，是把路往窄了走，其实并不可取。作为一个成年人，应当懂得控制自己的情绪，收敛自己的喜恶。跟不同性格的人相处，要注意多发现别人的优点，取长补短。两个性格不同的人在一起，由于对比明显，双方可能会很快发现对方的长处和短处。比如，急性子的人，要看到慢性子的人考虑问题时可能比较周全，特别在做某种需要耐心的工作时，他就很恰当。慢性子的人，要看到急性子的人做事往往不拖拉，很麻利。这样，大家不仅能够和睦相处，相互还会有所补益。

　　因此，在生活中，我们要去除自己的偏激，就要尊重每个人的生活方式。不要总以自己为标尺去衡量别人的生活，要知道百样米养百样人，对于各人的追求，我们实在不必太过苛刻。你可以有个性、有锋芒，但是要注意不要让身上的刺刺痛了别人，要知道，朋友可以被你的热情聚拢，也可以被你的脾气冲散。

第二章　把摩擦看成一种修炼，不因小事生气

生活中突如其来的小摩擦、小冲突，难免会打扰了内心的平静，人们也易为之动怒。把摩擦当成是对脾气的修炼，平和以对。不生气，心中自有一片晴天。

不因鸡毛蒜皮的小事与人结怨

大海可纳百川，高山能巍巍矗立，只因它们的胸怀博大。

现实中，将人们击垮的有时并不是那些看似灭顶之灾的挑战，而是一些微不足道的鸡毛蒜皮的小事。一些人常常被困在这些有名和无名的忧烦之中，它们一旦出现，人生的欢乐便不翼而飞，严重时，甚至会改变原有的生活轨道，给人带来无妄之灾。

有一位30岁的主妇，在家政公司请了一位小时工帮自己家里擦玻璃。这是一个从农村来的小姑娘，手脚麻利，只一上午就干完了活。这个主妇是爱干净的人，她发现有一扇窗户还不够透亮，就让小姑娘又擦了一遍。对着阳

光再看,边角处依然有几丝污点,就说那小姑娘,小姑娘也不示弱,坚持自己已经干完了活,就等着拿钱走人。这位主妇见她竟然敢顶嘴,一气之下就打电话到家政公司,投诉他们的员工干活敷衍,欺骗雇主。

公司经理也是个有脾气的人,指着小姑娘的鼻子发了一顿火,还扬言要开除她,把她撵回老家去。小姑娘越想越生气,第二天就买了一瓶硫酸蹲守在小区门口,看到那位主妇提着菜篮出去,冲出去把一瓶硫酸全部泼到她身上。

在这个事件中,人人都有毛病,都差在一个"忍"字上。有些人对生活要求高,遇事挑剔,看什么都不顺眼。其实许多事情过得去就行了,否则不但自己累,身边的人也跟着受罪。对清洁的标准太苛刻,这就是不能忍的一种体现。若真的看不过眼,自己随便动动手也就是了,眼里不容人,逼人太甚,也是不能忍的表现。再说那位干活的小姑娘,做好工作是本分,应付雇主的挑剔,也是自己工作的基本内容之一。如果她能这么想,就不会为别人不甚恰当的言辞伤了自尊,以致发生争执,引发更大的怒火。至于事后的报复,更是不冷静的表现,只为一次小小的冲突就毁了两个人的一生,相信在事情过去之后,每个人都是悔之莫及的。

现代人生活忙碌,做起事来容易犯心浮气躁的毛病,其实如果能冷静下来,心平气和地考虑问题,世上很少有什么是过不去的大事。

明朝的时候,苏州城里有位尤老翁,开了间当铺。一年年关前夕,尤老翁在里间盘账,忽然听见外面柜台处有争吵声,就赶忙出来察看。原来是邻居王老头在与伙计争吵。尤老翁谨守"和气生财"的信条,先将伙计训斥一通,然后再好言向王老头赔不是。

王老头板着脸,不见一丝和缓之色,靠在一边柜台上不再言语。挨了骂的伙计悄声对老板诉苦："东家，这个王老头蛮不讲理。他前些日子当了衣服，现在说过年要穿，一定要取回去，可是他又拿不出当衣服的钱，我一解释，他就破口大骂。这事可不怪我呀。"

尤老翁点点头，打发这个伙计去照料别的生意，自己过去请王老头到桌边坐下，语气恳切地对他说："老哥呀，我知道您的来意，过年了，总想有身体面的衣服穿。这是小事一件，大家是低头不见抬头见的邻居，什么事都好商量，何必与伙计一般见识呢？您消消气吧。"

尤老翁不等王老头开口，马上吩咐另一个伙计查账，从王老头典当的衣服中找出四五件冬衣来。他指着这几件衣服说："这件棉袍是您冬天里不可缺少的衣服，这件罩袍您拜年时用得着，这3件棉衣也是要穿的。这些您先拿回去吧，其余的衣服不是急用的，可以先放在这里。"王老头似乎一点儿也不领情，拿起衣服，连个招呼都不打，急匆匆地走了。尤老翁并不在意，仍然含笑拱手将王老头送出大门。

当天夜里，王老头竟然死在另一位开店的街坊家中。王老头的亲属趁机控告那位街坊逼死了王老头，与他打了好几年官司。最后，那位街坊被拖得筋疲力尽，只得花了一大笔银子将此事大事化小，小事化了。事情的真相很快透露了出来，原来王老头因为负债累累，家产典当一空后走投无路，就预先服了毒，来到尤老翁的当铺吵闹寻事，以死来敲诈钱财。没想到尤老翁一味忍让，他也不好意思，只好赶快撤走，在毒性发作之前又选择了另外一家。

有人问尤老翁凭什么料到王老头会有以死来讹诈这一手，从而忍耐让步，避过了这一灾祸。尤老翁说："我并没有想到王老头会走到这条绝路上去。我只是照常理推测，若是有人无理闹事，那他必然有我们不知道的原因。如果我们在小事情上不忍让，那么很可能小事情会变成大的灾祸。"

　　人生在世，不可避免地会受到一些有意无意的伤害，任何人都是如此。只要不是原则性的问题，大可不必过于认真，一个有涵养的人，绝不会因鸡毛蒜皮的小事与人结怨。如果吃点小亏而能保证大方向畅通无阻，那么何乐而不为呢？

爱情之花，点滴浇灌

无论爱情多么绚烂，也抵抗不了风暴的侵袭。

人文大师柏杨先生说过："所有的怨偶，其锥心的痛苦，都不在大原则上，而在小节目上。"我们每一个人的爱情，有可能经历重大考验，但是更多的时候，是要面对现实的生活，山崩海啸、英雄救美的传奇不可能随时上演。我们需要预防的，是和爱人由于生活的龃龉而成为一对怨偶的悲剧。

有调查表明，那些性情温和、处世乐观的男人和女人，可以给身边的人带来更多的幸福感，而独断、暴躁的性格是幸福的大敌。

她是中文系的美女，追求她的男生可以排成一条长队。

他和她一样来自偏远的山区，他的贫困和勤奋在校园里同样出名。他一入学便暗恋着她，但始终不敢表白，只是常常出现在她的身边，心甘情愿地听她调遣，帮着她干这干那。

入学没多久，她便努力使自己的一举一动都更像一个地道的都市女孩，背地里还笑他"仍是那么老土"。大二那年的情人节，外语系的林用一篮子鲜艳欲滴的玫瑰打动了她的芳心，赢得了她的爱情。

林凭着殷实的家境，很潇洒地请她去吃精美的大餐，去高消费的娱乐城快活地走一回，去超市满载而归……让她小女孩的虚荣心像肥皂泡沫一样膨胀起来。但是不知道从什么时候开始，林开始对她颐指气使，在同学和朋友面前常常挑剔她谈吐不够大方，举止不够优雅。为了一直向往的爱情，她忍受着这一切，并努力做到更好。

当林在校外租了房子，要她过去住时，他像房子着了火似的，急忙赶来劝阻她，可她说这是时尚，反劝他别读书读傻了。

在出租屋里，她像个成熟的小妻子一样照顾林，自己有好几门功课亮了红灯。他想找她坐下来好好谈谈，可她总是一副无所谓的样子，让他们的话题总是沉重得谈不到一起。

尽管如此，林还是离开了她，跟一个漂亮的外语系女孩走了。

情场和学业都输惨的她，在毕业前夕服了大量的安眠药。幸好被人及时发现，送进了医院。他赶过来看她，她说：

"我真的很傻，我现在才知道什么是可贵的，可是已经晚了……"

"不，就像玫瑰并不代表爱情，过去也不代表现在，更不代表将来……"他深情的目光里，正流淌着阳光一样真实的爱意。

一个人能否获得幸福美满的感情生活，取决于他对感情的认识和选择，然后，取决于他是如何对待这份感情的。

爱情之花，需要以日常生活的点点滴滴来浇灌。在生病的时候，按时给爱人拿药端水；在黄昏散步的路上，为爱人披上一件遮风挡雨的外衣；在朋友欢聚的餐桌上，称赞爱人的厨艺；在风景宜人的郊外，和爱人一起领略大自然的美景……

在年复一年的人生岁月里，伴随人们更多的是平凡简单的生活，如果没有种种温暖的情义来填充、点缀，那索然无味的日子有谁愿意去过？又有谁还能喊出"热爱生活"的口号来？

天使不会时常降临人间，那么我们每个人都可以做自己感情的天使，把温暖的爱带给身边的人。

感情是港湾，脾气则是港湾里的风暴，无论爱情是多么的绚丽如花，都抵御不了风暴的侵袭。要创造良好的爱的氛围，两个人要经常进行情感沟通，彼此从爱人那里得到鼓励、得到关心、得到欢乐，这才是爱情的根本所在，也是保持爱情之花常开不谢的秘诀。

从最重要的事情开始做起

堆积如山的工作，放一放。

现代职场竞争激烈，稍有懈怠，就有被淘汰出局的危险，大家都恨不得一个人当成两个用。在这种状态之下，压力不可谓不大。于是，那种"日出而作，日落而息"的从容悠然再也不容易见到，一日日地匆忙、焦虑，在积压之下，急躁状态会不断上升，直到失去"最后一根稻草"，个人对情绪的控制完全丧失，直至出现勃然大怒为止。

心理专家认为："人不会因为过度疲劳而死，却会因愤怒和烦恼而死。"是的，人总是像一个陀螺一样旋转，而工作依然堆积如山，然后这种焦虑会侵蚀你的生命，损害你的健康和创造力。试想，当你的办公桌上乱七八糟地堆满了待复信件、报告和备忘录时，会导致怎样的慌乱、紧张和忧烦呢？

摆脱不了这种状态，等待你的将是精神彻底崩溃的那一天。

著名的精神病医师威尔斯，有一天接待了一位来自东京的病人。这位病人是东京一家大公司的高级主管，第一次去见威尔斯医师的时候，整个人充满了紧张、焦虑的情绪而闷闷不乐。他工作繁忙，并且知道自己状态不佳，却又不能停下来，他需要帮助。

"当这位病人向我陈述病况的时候，电话铃响了，"威尔斯医师说道，

"是医院打来的。我丝毫没有拖延，马上作了决定。我一向速战速决，只要能够的话，马上解决问题。挂上电话不久，电话铃又响了，又是紧急事件，颇费了我一番唇舌去解释。接着，有位同事进来询问我关于一位重病患者的种种事项。等我把这一切忙完，我向这位病人道歉，让他久候了。但是这位病人精神愉悦，脸上流露出特殊的表情。"

"别道歉，医师，"这位病人说道，"在这10分钟里，我似乎已经明白了自己哪些地方不对了。我要回去改变我的工作习惯……但是，在我临走之前，我可不可以看看你的抽屉？"

威尔斯医师拉开桌子的抽屉，除了一些文具之外，并没有其他东西。

"告诉我，你的待处理事项都放在什么地方？"病人问。

"都处理了。"威尔斯回答。

"那么，待复信件呢？"

"都回复了，"威尔斯告诉他，"不积压信件是我的原则。我一收到信，便交代秘书处理。"

六个星期后，这位公司主管邀请威尔斯医师到他的办公室参观。他改变了，当然桌子也变了。他打开抽屉，里面没有任何待办文件。

"六个星期以前，我有两间办公室、三张办公桌，"这位主管说道，"到处堆满了没有处理完毕的东西。跟你谈过之后，我回来清除掉了一货车的报告和旧文件。现在我只留下一张办公桌，东西一来便处理妥当，不会再有堆积如山的待办事件让我紧张烦恼。最奇怪的是，我已不药自愈，再不觉得身体有什么毛病啦！"

职场的焦虑症，多来自于那似乎永远也处理不完的工作，迅速决定、及时清理则是对症的药方。

如果办公桌上堆满各种报告、文件、杂物，就会容易使人产生一种混乱、紧张和忧虑的情绪，使人不自觉地处于一种高压状态，身心疲惫，也会给自己的工作质量和工作效率带来一种微妙的影响，所以，要保持自己的办公桌处于一种整洁的状态，就是在为自己创造一个舒适的工作环境，工作起来就会轻松很多。

一张桌子如同一个人的面子，办公桌干净不干净就可以看得出来这个人的修养如何。从办公桌可以看出一个人的行事作风和生活习惯，从办公桌也可以看出一个人的人生态度。而且在清除你桌上所有文件资料的时候，你会发现一些被自己遗忘的工作，或是与你正要处理的问题有关的东西，或许在整理的过程中会对你正着手的工作有启发。

为了有效防止工作的堆积，你还需要事先做出合理的规划。

你可以制定一个工作卡片，在这个工作卡片上，第一栏是制定一天所需要完成的事情，第二栏是一天实际完成的事情。两栏相比较，我们就可以发现自己在什么事情上面浪费了时间，以此来加强自己的时间感。

要控制完成一件事情的时间，这就要求我们预告限定我们完成一件事情的时间，也在工作卡片上写下你所要做的每一件事情所需的时间，这样可以加强你工作的节奏感。再来，你可以要求自己一次就把事情做好，不要留下其他残余的东西，更不要使工作留下缺陷，等待下次抽时间来解决。你只有在做第一件事情时百分之百地做好，才能够给第二件事情留下百分之百的时间。

另一种办法，在单位时间内做更重要的事情。这就需要你分清事情的轻重缓急。首要的问题是，你要决定什么事情是重要的，什么是不重要的。

重要的事情往往都与工作目标或者企业的目标有关，也可以与个人的目标相关。凡是有利于工作价值的增长、有利于工作目标的实现、有利于人生幸福的事情都可以认为是重要的事情。把这些事提上日程而立即着手去做，你会发现自己每天都在从容地向着目标迈进，越来越接近心中的梦想。

　　我们大多数人都有经验，影响时间效率的往往并不是那些难度大的或者重要的事情，而往往是一些烦琐小事，诸如寻找文件等。据统计，一般公司职员每天要花 2～3 个小时寻找乱堆乱放的东西。每年因东西摆放不整洁和无条理，将浪费近 20％的时间。

　　而真正高效的人，是没有这方面的困扰的。他们从来不显出忙乱的样子，做事非常镇静。别人不论有什么难事和他商谈，他们总是彬彬有礼。在工作场合，他们寂静无声地埋头苦干，各样东西安放得有条不紊，各种事务也安排得恰到好处。因为工作有秩序，处理事务有条有理，所以就不会浪费时间，不会扰乱自己的神志，办事效率就很高。

　　人的情绪是受周围环境影响的，当你理顺了工作，神清气爽地开始每一天的时候，你会发现，自己的头脑清晰了，效率提高了，那种因为工作而产生的无名之火也消失不见了。

为小事生气的人，生命是短促的

换个思维海阔天空。

家庭是社会最基本的分子，每个家庭也等同于一个微型的社会。每天睁开眼睛，柴米油盐、吃喝拉撒都统统摆在面前。过日子的事儿，急不得、恼不得，经历不了生活琐事的考验，说明你的修炼还不到家。

古时候，有个男子独自一个人生活，他用芦苇和茅草盖起了小屋住在里面，又开垦了一小块荒地，用自己的双手种了些庄稼，用粮食来养活自己。

他每天下地耕作，闲的时候就出去走走，过得倒也逍遥自在。可是有一件事却让他发愁，那就是老鼠成灾。也不知道是从哪里来的一帮老鼠，日子不长便成倍成倍地增长。他想了好多办法来治鼠，用药啦、下夹子啦，都试遍了，可就是没有一个特别有效的办法。

这个男子对老鼠越来越烦，火气越来越大，苦恼极了。

有一天，这个男子喝醉了酒，困得要命。他踉踉跄跄地回到家里，打算好好地睡上一觉。可是，他的头刚刚挨上枕头，就听见老鼠"吱吱"的叫声。他实在困了，不想和老鼠计较，就用被子蒙住头，翻个身继续睡。可老鼠却不肯轻易罢休，竟钻进被子里张嘴啃起来。这男子用力拍了几下被子，指望把老鼠赶跑再睡。

果然安静了一会儿，可他忽然闻到一股叫人恶心的腥臊味，一摸枕边，竟然是鼠尿！被老鼠这么变着法子一折腾，他再也忍受不下去了，一股怒气直冲头顶。借着酒劲，他翻身下床，取了火把四处烧老鼠。房子原本是茅草盖的，一点就着，火势迅速蔓延开来，老鼠被烧得四处奔跑。火越烧越大，老鼠终于全给烧死了，可屋子也同时被烧毁了。

第二天，这个男子酒醒后，才发现自己什么都没有了。他茫茫然，无家可归，后悔也来不及了。

英国著名作家迪斯累利曾经说过："为小事而生气的人，生命是短促的。"人们常常为一些不令人注意，因而也是应当迅速忘掉的微不足道的小事所干扰而失去理智。我们生活在这个世界上只有几十个年头，然而我们却为纠缠无聊琐事而白白浪费了许多宝贵的时光。

上文中的那个男子，连自己一个人的小家都不能"安之"，对于更为复杂的家庭问题，凭他那个动辄暴跳如雷的态度，还不搅成一团乱麻？

对于现代男人，处理琐事、哄好老婆，更是一门亟须学习和适应的功课。

凡是日子过得挺自在的男人，在家里活得优哉游哉的男人，一般都是哄妻子的"大内高手"。妻子需要哄，就像女人需要爱。不要忽略了它，哄妻子，受益的是男女双方，是你们的家庭。

大卫结婚那天，老婆就给他定下3条规矩：第一，婚后承担一半家务；第二，不能对老婆撒谎；第三，不能对老婆发脾气。

婚后，瓶瓶罐罐的琐碎家务很快堆到眼前。大卫人懒，最烦柴米油盐瞎忙活。可既然老婆定下规矩，就要严格执行，他每天下班回家，一头冲进厨房，抢过老婆手里的铲子，系上围裙……老婆当然喜欢。

这时候，大卫的花样就来了，他明知故问："酱油在哪儿？""递给我盐！""坏了，醋好像放多了。"还故意手忙脚乱，不小心碰倒个空瓶子什么的。老婆烦了："出去吧，出去吧，别在这儿碍手碍脚。"这时，他就可以心安理得地回到客厅，躺在沙发上看报纸了。不过，看上一会儿，他就对着厨房大喊一声："真香！"给老婆他的精神支持。

他们的家庭生活的基调是幸福快乐的，可是一些小矛盾也时有发生。

一次大卫陪老婆逛街，一路走下来，老婆终于找到一身中意的套裙，穿在身上问他感觉怎么样。说实话，大卫觉得颜色鲜艳了点，老婆上大学时穿正好，现在毕竟结婚成家了。可好不容易找到一身中意的，若说不好，不是又得从头逛起？大卫左右端详，上下打量，啧啧赞叹："老婆，这身套裙简直就是为你订做的，感觉一个字，那叫作'美'！"老婆满面春风，把旧衣服往包里一塞，就穿着新套裙，昂首阔步回家了。

第二天下班，大卫见老婆满脸的不高兴。一问，说穿着新衣服上班，女友们说学生气重了，穿着不好看。大卫说："瞎说呢。那叫忌妒，别理她们。"老婆说："准是你昨天逛街逛烦了，随便找身衣服应付我。"老婆一唠叨，大卫忍不住说了句："穿过的衣服怎么退？"然后甩门出去了。

转一圈回来，他意识到自己做得不好。他搭讪着说句话，老婆理也不理，好像根本没他这个人。大卫明白，惹老婆生气没什么好，一个人做饭，自己找衣服，自己看电视，想想都难过。于是他赶紧检讨自己的错误，把自己分析得理亏，一无是处，把错误夸大，直至痛心疾首。一场干戈，终于平息下来。

我们既然活在世上，就不得不面对许多千头万绪的事情，你愿意也好，不愿意也好，该发生什么就要发生什么，并不以哪个人的个人意志为转移。那么就不如抱着一种"既来之，则安之"的态度，接受它，妥善处理它，不让它成为自己的困扰。

　　家庭，是两个相爱的人组成的一个小组织。是组织就要有组织的制度和管理方法，在一个组织中，如果某个成员做不好本职工作，就会影响整体的成绩，对于"两人组"来说，有一个人做得不够认真，组织就塌了半边。我们想要拥有幸福的家庭生活，就要改变自己的思维，要把自己当成是在公司，尽心尽力地工作。在头脑里应该树立起"就职于家庭"的概念，把日常琐事当成正常的工作来处理，先管理好自己的小家庭，然后才有资格享受家庭带来的幸福。

宽容是一支歌

原谅他人的错误。揪着对方的错误不放，是在惩罚你自己。

人们总是习惯于把自己置于关键的地方，端着高标准的大尺子横着量，竖着测，并以此挑剔交往对象。这样不仅对他人形成片面认识，还容易忽视自身的缺陷。

人非圣贤，孰能无过。与人相处就要互相谅解，经常以"难得糊涂"自勉，求大同存小异，有度量，能容人，你就会有许多朋友，且左右逢源，诸事遂愿；相反，"明察秋毫"，眼里容不得半粒沙子，过分挑剔，什么鸡毛蒜皮的小事都要论个是非曲直，容不得人，人家便会躲你远远的，最后，你只能关起门来"称孤道寡"，成为使人避之唯恐不及的异己之徒。

李新和石旭大学毕业后，应聘到同一家公司，由于两人年龄相近，说话又很投机，很快就成了一对好朋友。两人无话不谈，亲如兄弟，很是令旁人羡慕。可随着时间的流逝，李新却发现自己越来越受不了石旭了：李新有时会看一些言情、武侠之类的小说，石旭就说那是低俗读物，应该多看一些高尚的书籍；李新星期天希望看看足球联赛，石旭却偏要拉他去钓鱼，说是可以修身养性……两人之间的友谊渐渐出现了裂痕。不久之后发生的一件事，终于让两人成了陌路人。那天李新陪几个同事上街去买书，回来的时候车上特别挤，李新糊里糊涂地忘记买票就被挤下来了。就是这么一件小事，传到了石旭耳朵里，他却觉得李新的品德出了问题，就找到李新，冷嘲热讽了一顿，最后还说："我可真有福，认识了你这么个'光荣'的朋友！我都替你觉得丢人！"听完了这番话，李新再也忍不住了，他跳起来一边收拾自己的东西，一边骂道："我告诉你，我也不稀罕和你当朋友，自以为了不起，看别人什么都不顺眼，有你这种哥们儿是我瞎了眼，我这就搬走，不敢让你丢人了，从今以后，咱们谁也不认识谁！"李新搬到了其他同事那里，怨气难消，以后再也不理石旭。当初的一对好朋友，现今形同陌路。

一个人每天都要遇到或多或少、或大或小的事情，生活中的矛盾是在所难免的。如果一个人总是为一些小事而过分计较，在乎太多的细节问题，不仅会自寻烦恼，还会让他人厌烦。

因此，在人际交往中，记住"己所不欲，勿施于人"的教诲是大有神益的，它可以避免我们提出人们难以接受的要求，避免由此而带来的难堪局面，建立和维持良好的人际环境。推己及人，是以自己为标尺，衡量自己的举止能否为人所接受，其依据是人同此心，心同此理。将心比心，设身处地，还可以用角色互换的方法，假设自己站在对方的位置上，想想会有什么反应、感觉，从而理解他人，体谅他人。

当你遭受了额外的压力、不平的待遇、意外的损伤，要走上前去反击的时候，不妨先自问一下："要是我在他的处境之下，我会怎么做？"当我们知道人人都会有被情势所迫做出不得当的举动，人人都有自己难言的苦衷时，就会不再对那些无关紧要的冲撞和误会念念不忘。

即使当朋友的一些不好的习惯已经影响到你的情况下，对于他的"失误"，你也可以以委婉的方式指出来，而不是把人一棒子打死。

　　办公室的老张和小王特别能抽烟，而同一办公室的其他同事却受不了烟味。他们两个一抽起烟来满屋子烟雾缭绕，熏得其他人实在难以忍受。后来一位同事陈小姐得了重感冒，更是不敢再闻烟味，于是她的好友李小姐借这个机会巧妙地指出了张、王两位同事在办公室内吸烟的错误做法。李小姐是这样说的：

　　"昨天我陪小陈去医院看病，大夫说最近流行重感冒，严重的还能引起其他病，甚至还能导致人死亡，尤其是那些吸烟者或吸二手烟者。医生特别强调了感冒患者应远离烟味，就是正常人经常吸烟或吸二手烟都不行，所以一般的公共场合都严禁吸烟。为了大家共同的健康，我建议咱们办公室内部也实行这种政策吧。不过，这就要委屈老张和小王了，你们俩以后可以到外边那间屋子抽烟，当然，为了你们的身体，你们还是少抽为好。"

　　经过李小姐这样一番劝说，老张和小王当然意识到了自己抽烟对他人的影响，并且也觉得自己每天吸那么多烟确实对身体不好，于是他们两人毅然决定戒烟。以后这个办公室就少了许多烟雾，多了许多笑声。

　　要改变一个人而不伤感情，就应注意这个准则："间接地提醒他人注意自己的错误。"

　　卡耐基说得好："如果经过一两分钟的思考，说一句或两句体谅的话，对他人的态度作宽大的了解，就可以减少对别人的伤害，保住他人的面子。"因此，当你对他人有意见时，请事先冷静地想一想，采用什么样的方法能既达到指出他人过失、使当事者受到教育的效果，又不会让别人丢了面子，影响了你们的关系。

第三章　把变故看成一种常态，不因意外生气

明天和意外，你永远不知道哪个先来。人生充满变数，在意外面前，你若愤怒和抱怨，境况也许会更糟，你若保持一颗平常心，安之若素，柳暗花明就在前方。

即使生活不顺，也要有一颗安定的心

让积极的心理暗示成为一种习惯。

这个世界有太多的诱惑，因此有太多的欲望满足不了而带来的痛苦。一个人要以清醒的心智和从容的步履走过岁月，他的精神中必定不能缺少淡泊，否则，他不是活得太忧郁，就是活得太无聊。看淡，不是不求进取，不是无所作为，不是没有追求，而是以一颗安定的心对待生活，正所谓"淡泊明志，宁静致远，不以物喜，不以己悲"。

大发明家爱迪生的一个儿子在一篇文章中讲了这样一个故事。

那是在 1914 年 12 月间的一个严冬寒夜，当时父亲曾把过去 10 年的大部

分时间都用于试验制造镍铁电池,一直未能成功,弄得经济拮据,实验全靠电影和唱片所获得的利润维持。那个晚上,工厂忽然传出呼喊声:"失火了!"原来是软片室发生了自燃现象。顷刻之间,包括材料、做唱片用的赛璐珞、软片和其他可燃物品,呼啦一声,全部着火。附近 8 个城镇的消防队一齐来救火,可是火势太猛,水压又低,用消防水管也无济于事。

我到处找父亲也找不到,十分担心。他有没有出事?全部财产都烧光了,他会不会心灰意冷呢?他已经 67 岁,不能再从头做起了。后来我在工厂的院子里看见他正朝我跑来。

"你妈妈在哪呢?"他大声喊道,"去把她找来,叫她把朋友也都找来!这样的大火,真是百年难得一见啊!"

第二天早上 5 点半钟,火势刚刚得到控制的时候,他召集全体职工宣布:我们要重建。他派一个人去把附近地区所有的工厂都租下来,又派另一个人去借伊利铁路公司的救险吊车。然后他好像忽然想起一件小事似的补充一句:"噢,谁知道可以从哪里弄些钱吗?"

"人往往可以因祸得福。"他说,"旧厂烧了也好,我们可以在废墟上建一座更大更好的工厂。"说完,他就蜷缩在桌子上睡着了。

大火是意外、是灾难,它可能让人多年的努力化为乌有,然而,这时即使你呼天抢地、以头撞墙,大火就会自动熄灭吗?爱迪生是大科学家,同时也是一位伟大的智者,因为他的心没放在过去的毁灭上,而放在明天的重新建设上。把大火当成一种瑰丽的风景,绝对需要一种非凡的胸怀。

学会正视现实,首先要认识到正视现实是我们最好的选择,逃避现实只会使我们的境况变得更糟。当你想要抱怨的时候,当你想要唉声叹气的时候,当你想要指责命运不公的时候,我们先给自己提个醒吧:发脾气解决不了任何问题，反而有可能把自己的信心也一起烧毁。生命里有许多偶然的幸运，也有许多突来的灾祸，都在我们人力控制之外，明白了这个道理，我们再看人生的得失时也许会超脱一些。

在我们身边，有两种类型的人很有代表性，一种人无忧无虑，天塌下来当被盖，被称为乐观主义者；另一种人整天忧心忡忡，唯恐树叶掉下来砸了脑袋，是不折不扣的悲观主义者。仔细分析他们当前的处境，前者还真不一定就比后者强，他快乐，因为他具有主观的快乐意识，正如那些悲伤绝望的人，也只是陷入了自己忧伤的情绪里出不来。

这种以不良情绪将自己缠绕起来的状态，心理学中称之为"自挫"。自挫类似于一种自我破坏，自挫行为是一种想法、感觉和行动的累积，会自我破坏的人习惯于否定自己的快乐或破坏自己好的感觉。在现实生活中，人们存在"自挫"心理或是凡事可以自我开导，将影响他们的最终命运。

为了不知道到底会不会发生的事而忧心忡忡、惶恐不安，不但浪费了时间，更使人生变得索然无味。恐惧自己会受苦的人，已经因为自己的恐惧在受苦。所以，不必愁眉不展地去担心未来的事，把握当下、积极快乐地生活，人生才显得更有价值。

意大利一个康复旅行团体在医生的带领下去奥地利旅行。在参观当地一位名人的私人城堡时，那位名人亲自出来接待。他虽已 80 岁高龄，但依旧精神焕发、风趣幽默。他说，各位客人来这里打算向我学习，真是大错特错，应该向我的伙伴们学习：我的狗不管遭受如何惨痛的欺凌和虐待，都会很快地把痛苦抛到脑后，热情地享受每一根骨头；我的猫从不为任何事发愁，它如果感到焦虑不安，即使是最轻微的情绪紧张，也会去美美地睡一觉，让焦虑消失；我的鸟最懂得忙里偷闲、享受生活，即使树丛里吃的东西很多，它也会吃一会儿就停下来唱唱歌。"相比之下，人却总是自寻烦恼，人不是最笨的动物吗?"他总结道。

人都是有思想的，所以我们今生也无法得到像其他生物那样单纯的快乐，但是通过适当的心理调节，让自己摆脱忧虑的困扰还是切实可行的。

心理学的最新研究表明，一个人老是想象自己进入某种情境，感受某种情绪，结果这种情绪十之八九真会到来。一个故意装作愤怒的实验者，由于"角色"的影响，他的心率和体温会上升。心理研究的这个新发现可以帮助我们有效地摆脱坏心情，其办法就是"心临美境"，通过愉快的记忆来唤醒自己心底里积极乐观的情绪。

当积极的心理暗示成为习惯时，你就会发现自己的生活中其实真的没有那么多让自己烦闷发愁的事情。同时，我们的生活也会变得充满精彩和活力。

把不快放在心灵之外

改变不了世界，就改变心情。

爱情是一张网，不知多少人深陷其中。两情相悦、花好月圆的爱让人沉醉，而那种求之不得、辗转反侧，和那阴差阳错、有缘无分的感情更让人一颗心分成两半，又是喜又是忧，永远落不到实地。

人皆有感情，不能说为情苦恼的人不值，只是在爱情来临之时，你应当清楚什么才是自己所需要的。

小罗的初恋是一个单纯漂亮的女孩，当时两人还在上大学，女孩无疑是很多男生心目中的理想对象。那正是做梦的年纪，小罗也不例外，他把女孩当成自己的白雪公主，既欢喜又自豪。

两人的恋情持续了3年，到了大四，一些现实的问题浮出水面。小罗家境优渥，父母早就准备送他出国深造，而女孩家境一般，虽学业也很优秀，但没有资本出国。小罗面临两难抉择，既不想放弃自己的前途，又不愿离开女朋友。但是，最终父母的劝说还是让他选择了出国。他不知道两个人在一起以后会不会幸福，所以只能选择自己有把握的。

后来，小罗通过父母的介绍结识了一个门当户对的女孩，在父母的期许下步入了结婚的殿堂。但是，小罗却一直觉得不够幸福，妻子很优秀，对他也很好，但他对她无法产生爱情的感觉。小罗心里很清楚，他爱的依旧是当初那个大学时代的女友，也许放弃她是他这辈子做过的最后悔的一件事。每当想起旧事，小罗就觉得心里发堵，他恨自己当初的犹豫和懦弱，也怨父母过多地干涉自己的生活。这一切，他无法诉说也无人诉说，渐渐地，他开始迁怒于妻子，仿佛是因为她的出现，把自己的幸福完全带走了似的。妻子也是一直被家人娇宠的女子，如何能受得了这份气！于是，小罗的家庭，时常充斥着一种火药味儿，两个人都悔不当初，把对方看成是剥夺自己幸福的敌人。

我们都希望所爱的人既能与自己相知相爱，又能与自己比翼双飞，金钱与地位不能代替爱情，爱情也不能代替金钱与地位，只有两者兼得的人才是真正满足的，舍弃一方而选择另一方的人，即使选择的当口意志坚定，但时间一长，也终究会抵不过心里的煎熬。得不到的总是最好的，没有得到的总是最让人牵肠挂肚。感情不是其他的任何事物，它是无法量化而精确衡量的，所以我们也无须去分析要爱情还是要面包的是是非非。最重要的，是遵从自己内心的愿望去选择生活，一旦选择了，就要坚定地把自己这条路走好。得到了名位，使你有自由、有尊严感和生命力；得到了爱情，你此生无憾，无比幸运。无论握在手里的是什么，都是你自主的选择而不是别人强加给你的结果，作为一个成年人，必须为自己的选择负责。

人生短暂，生命就一瞬间。如果让那些不愉快占据了我们的生活，无疑是给自己的人生套上了一个重重的枷锁，对生命或生活都不再有热情。这是相当可悲的，生活本已苍白，如果我们再失去饱满的情绪，那幸福快乐之于我们就会远隔千里了，我们早就没有多余的精力和资本去为那些不愉快埋单了。

与其忍受不愉快带来的痛苦的内心煎熬，不如坦然地面对现实，及时调整自己的心理及情绪，做一个"健忘"的人，愉快地活在当下。

　　樱最近有些郁郁寡欢。清理书房时偶然发现老公大学时的一本记事本，里面写的都是他和初恋女友的点滴，字里行间流露着浓浓的爱意。日记本里还有一张两人的合照，相片有些发黄，但还能清楚地看到丈夫的初恋情人的容貌，樱惊奇地发现自己和相片里的人眉目间长得有些相似。樱一下子想起丈夫第一次看到她时脱口而出说了句"好像"，当时心里还疑惑他在说什么好像，没想到答案是这样子揭晓的。

　　樱不能不怀疑自己是丈夫情感上的替代品，这令她心里有些难以承受。樱一直深爱着丈夫，也从未怀疑过丈夫对自己的爱，但现在她不再自信。樱没有把发现日记本的事告诉丈夫，更没有和丈夫发脾气，她把这一切默默地放在心里，她不断说服自己那只是丈夫的过去，自己爱他就不能去计较，哪个人没有过去呢？只是，她心里总是不由自主地把自己和丈夫的前女友进行比较，还常会想象丈夫是如何和他前女友相处，甚至猜疑他们是否死灰复燃。

　　原本幸福的生活因为这些不愉快而蒙上一层阴影。察觉到她情绪变化的丈夫以为她是工作太累就体贴地承担了全部家务。樱其实很想找丈夫问个清楚，有几次话都到嘴边了，一看到丈夫对自己温柔疼爱的脸，就硬生生把话给咽了下去。

　　然而，想象和猜疑让樱的心理濒临崩溃，直到有一天她接到电话说丈夫出了车祸被送往医院。樱的脑子轰地一下炸开了，她狂奔在去医院的路上，心里一直在忏悔祈祷。这一刻她彻底明白什么是生活里最重要的，也明白了这些日子来的不愉快不过是那不慎沾在衣服上的尘埃，只要把它们轻轻拂去，衣服就会依然光亮如昔的。

就如著名作家罗西所说："人生有喜怒哀乐，但是我们常常在秋冬会沉湎于忧愁而看不见快乐，就是因为总把注意力集中在那些落花、流水、败叶、寒风与霜雪……"

的确，生活里遇到的大部分不愉快的事是来源于现实与理想之间的差距。简单地说，就是对现实生活的奢望太多，对己对人的要求很多时候过于苛刻，以致一遇到什么不平之事时便会不自觉地放大自己的不愉快，把自己的生活弄得一片阴沉。

我们改变不了世界，甚至把握不了命运的走向，唯一能改变的只是自己的心情和态度。所以我们更要懂得调整自己的注意力，更多地关注感情生活里温暖亮丽的一面。即使遇上什么不愉快的事，也要把它们当成是偶尔不慎沾在衣服上的尘灰，你要做的只是潇洒地掸去它们，尽量把不愉快的事情放在我们的心灵之外。

用心面对"意外插曲"

用平常心化解愤怒的情绪。

人在职场，仿佛大机器上的一个部件，要与其他无数的部件相配合，才能保障大机器的正常运转。职场是需要我们收敛"个性"、保持"共性"的地方。在每一个时段、每一个场合，你都要坚持成熟稳定的一贯表现，有时候，越是小小的细节，越能体现一个人的基本素质。

职业上的成熟表现在日常工作中，也表现在对于一些突发事件、意外插曲的应对态度上。

于嘉是一家软件公司的行政助理，她的老板姓陈，是位知识分子型的企业家，他白手起家打下一片天地，如今在业内小有名气。

一次，于嘉陪老板陈先生约见一位客户，他们在茶楼边品茶边商谈合作事宜。相谈正欢，茶楼的一位服务员小姐送点心上来，他们点了三份茶点，这位服务员忙中出错，只送了两份上来。那位客户见此情形勃然大怒，一边拍桌子一边埋怨茶楼怠慢客人，把那个年轻的服务员吓得除了连声道歉再也说不出什么话来。

陈先生倒是非常平静，他只吩咐服务小姐再补一份点心，然后又接着和客户聊起来。

回公司的路上，陈先生告诉于嘉中止与这位客户的会谈，另找合作伙伴。于嘉不解，陈先生说："他遇事太冲动，不像是能稳住大局的人，如果我们与他合作，可能会因为一些小事磨合不好而节外生枝。"

愤怒的情绪若处理不好，会带来许多负面影响，除了自己不开心，也容易得罪别人，使人际关系变差，导致工作不顺利，甚至职位不保，丢掉饭碗。

公司要裁员，通知规定内勤部的小晴与小文一个月后离岗。那天，大伙儿看她俩都小心翼翼的，更不敢和她们多说一句话。她俩的眼圈都红红的——这事搁在谁身上谁都难受。

第二天上班，小文的情绪仍很激动，有同事想劝她几句，她都怒气冲冲的，像吃了一肚子火药似的，谁跟她说话她就向谁"开火"。小文心里憋屈得很，只好找杯子、文件夹、抽屉撒气。"砰砰"、"咚咚"，大伙儿的心被她提上来又摔下去，空气都快凝固了。但人之将走，其行也哀，大伙也就忍着，不再说什么。

小文的情绪一直都糟糕极了。原先她负责的为办公室员工订盒饭、传递文件、收发信件的工作，现在也懒得去理了；同事们看她一副愁容满面的样子，也就不再支派她工作。她的心也变得异常敏感，每当别的同事之间小声说个什么，她就怀疑他们在背后嘲笑自己。她每天用异样的目光在每个人脸上扫来扫去，仿佛有谁在背后捣鬼。许多同事开始怕她，都躲着她，大家都有点讨厌她了。

裁员名单公布后，小晴哭了一个晚上，第二天上班也无精打采，可打开电脑、拉开键盘，她就把工作以外的事都抛开了，和以往一样勤恳地工作。小晴见大伙不好意思再吩咐她做什么，便特地跟大家打招呼，主动揽活。她说，是福跑不了，是祸躲不过，反正都这样了，不如干好最后一个月，以后想干恐怕都没机会了。小晴仍然勤奋地打字复印，随叫随到，坚守在她的岗位上。

一个月满，小文如期下岗，而小晴却被从裁员名单中删除，留了下来。主任当众传达了老总的话："小晴的岗位谁也无法替代；小晴这样的员工，公司永远不会嫌多！"

愤怒的人常会在内心演绎一套言之成理的独白，而且越来越生气，最后一下子冲破理智的控制，不计任何后果地一下子发泄出来。但发泄其实是一种最糟糕的方式。你可以想象一下，在失控的情况下，情绪暴发会给你的形象造成多大的破坏？可能会让原来认为你温文尔雅的人一下子改变对你的印象。事后你可能也会很后悔，觉得不该那么冲动，事情本来可以以另一种方式处理的，但世界上是没有后悔药可吃的。

克制也是一种工作能力，当面对对自己不利的状况时，如果暴跳如雷，不仅解决不了问题，还会背上"没有修养、缺乏风度"的恶名。不善于克制，会使误会加深，造成人际关系紧张，举步维艰。学会克制则能使大事化小，小事化无。

因此，我们应该学会控制自己，学会尽量不发火而把事情解决好。办事高手一般都能控制自己的情绪，使之适应不同对象、环境。处险而不惊，遇变而不怒，才能在气势上给对方造成震慑的力量，也为自己赢得应急的机会。有些人一旦碰到不利于自己的形势，就惊慌失措，乱了阵脚，一开始就增添了别人的疑云，这是不明智的。所以，在平时我们应该着力培养笑对风云变幻的心态，以便在风雨突然来临时能处之泰然。

生活不容复返，学会对变故视而不见

纠结于痛苦的事情，小事也会膨胀成大事。

生活中，有许多意外打击对人的伤害都是致命的。这除了灾难本身所带来的伤害，还包括了人们在灾难中产生的灰心、怨怼情绪的后遗症。有时候，后者的危害甚至会大于灾难本身。

面临重大变故时，"节哀顺变"是人们最常提到的一个词语，但非有大定力、大智慧的人无法做到。

一对夫妇在婚后 11 年生了一个男孩，夫妻恩爱，男孩自然是两人的宝。男孩两岁的某一天，丈夫在出门上班之际，看到桌上有一个药瓶打开了，不过因为赶时间，他只大声告诉妻子把药瓶收好，然后就关上门上班去了。妻子在厨房忙得团团转，就忘了丈夫的叮嘱。

男孩看到药瓶觉得好奇，又被药水的颜色所吸引，于是将药水一饮而尽。药水成分厉害，即使成人服用也只能用少量。男孩服药过量，被送到医院后，回天乏术。妻子被事实吓呆了，不知如何面对丈夫。紧张的父亲赶到医院，得知噩耗非常伤心，看到儿子的尸体，望了妻子一眼，然后说了一句话："I love you，darling。"

有人盛赞这个丈夫是人类关系的天才，因为儿子的死已成事实，再吵再骂也不会改变事实，只会惹来更多的伤心；何况不止自己失去儿子，妻子也失去了儿子。

这个故事主旨是彰显人类选择的自我层次，同一件不幸事你可以怨天尤人，痛骂社会，甚至自责无穷，但事情却不因这些而改变，这一切只改变了你和日后的生活，使你负着心灵疤痕活下去。反之，放下仇恨和惧怕，放下过去，勇敢地活下去，事情的境况或许并不如想象中那么坏。

生活不容复返，任何坚强的人都必须直面逝者不返这一事实。尽量咀嚼它，不应自欺欺人，不要装作对它视而不见。

这种生活厄运，出现的概率也许很少，但是比它情节轻微却有相同性质的事件是经常可以遇到的，这对人也是一种考验。

布朗先生正在草坪上教他 5 岁的儿子安迪使用剪草机，父子俩剪得正高兴时，父亲回屋去接电话。5 岁的安迪把剪草机推上了他爸爸最心爱的郁金香花圃，"嚓嚓嚓"，可怜的幼苗应声而断，不一会儿，已经有两公尺长的花圃遭殃。

布朗先生回来发现后，脸色立即变得铁青，眼看他的拳头已经高高举起，是的，他很生气，近一个月以来，每天黄昏他都蹲在那儿观察郁金香的生长进度。

正在这时，布朗太太出来了，看见狼藉的花圃和不妙的气氛，马上就明白发生了什么事情。她小声而温柔地对先生笑道："喂，我们现在人生最大的幸福是在养小孩子，而不是在养郁金香。"

3 秒钟后，他们交换了一个吻，一切重归平静。布朗太太安抚好丈夫后，走到安迪身边蹲下来，摸着他的头问道："安迪，还记得前几天妈妈给你理发的事吗?"安迪稍愣了一下点了点头。

布朗太太说:"呵,那太好了!你一定也记得当时妈妈说'头发和眉毛都是脑袋上的毛毛,但理发时只能剃发,而不能连眉毛也剃掉的'是吧?"

安迪说:"记得,妈妈。不能剃的,剃掉就不好看了。"

布朗太太说:"那好,请记住,宝贝,这大片草坪就是头发,你可以理的,而且你刚才也理得很棒;这小片郁金香就是眉毛,留作美化和装饰用的,你说可不可以剪掉呀?"

"不可以剪,剪掉就不好看了。妈妈,我再也不剪它了!"安迪保证道。

从这则小故事可以看出,布朗先生起初想要用来对待孩子的那种方式和态度是教训、报复和泄愤,人类通常在对待仇敌时才这么干!尽管他一直很爱孩子,可遇到具体问题时却只会凭本能和情绪行事,其做法根本就不在教育的范畴之内;而布朗太太对待孩子的方式和态度则是出于理解、关爱、引导和教育,并巧妙地达到了目的,既洋溢着人性的温情,又表现出很高的理性和智慧。

我们在生活中,很多小事情,当与一些真正重要的事情比起来,会显得荒谬、渺小。但却常常会有人将自己的精力完全倾注在这种事情上,这会活得很痛苦,折磨了别人也折磨了自己。比如说在家庭内部,一方在工作上遇到挫折,承受了很大压力,回到家来,另一方给他安慰、鼓励,就会使他产生很大的精神力量。相反,另一方再严厉地责备,这样内外夹攻会使人受不了,或者做出不该做的事来。世界上一帆风顺的事情很少,家庭中也很难保证不发生各种意外事故,当一方遇到不幸时,另一方要主动给予生活上的关怀和精神上的安慰,消解他的抑愤不平之气。我们生活在世的光阴也不过短短几十年,如果因为意外小事牵扯浪费太多的精力,该是多么昂贵的损失。而且,这些曾经无与伦比重要的事情，在事过境迁之后，似乎也并没有那么严重了。

　　这个时候，无论你正在纠结于什么样的事情之中，是和爱人使性子，和小孩子进行拉锯战，还是经济上出现一些问题，你都可以不在乎了。只不过是家庭生活的点缀，都可以过去的，人生还很长，以后还会有更多类似甚至更为激烈的事情发生。我们以戏剧的夸张方式，把小事膨胀成大事。我们忘了人生并没有我们所想象得那么糟糕。我们也忘了，当我们小题大做时，把问题吹大的是我们自己。

朋友间的距离

与朋友相处，需要一定的艺术性。

我们都需要朋友，"朋友多了路好走"，但是你和朋友毕竟又是两个不同的个体，朋友之间，要做到能离能合，各自保持一定的私人空间。如果把全部的热情都寄托在朋友身上，把全部的信任都托付到朋友身上，这对朋友是一种额外的负担，对自己，因为毫无保留，当有意外出现时，又是一种严重的伤害。

许多人都有过这样的经历和感觉，觉得和某个人或某几个人很是投缘，谈得来，坐在一起便觉得心里热乎乎的，总有说不完的话，舍不得分开，甚至近似痴狂，只愿形影不离才好。然而，这种交往甚密的结局往往是令人伤心的分离，而且很可能造成难以愈合的创伤。其实，伤口一旦产生，无论愈合得怎样好，也难免会留下疤痕，恰似瓷器上无论怎样细微的一道裂纹，总是抹不去、擦不掉。这不就是失了分寸的缘故吗？

有的人把好朋友当成自己，认为朋友之间就不能有秘密，其实，"无话不说"也有个限度。有这样一件事情，两个特别要好的女孩，同吃同住，好得就像一个人，彼此对对方都了如指掌。由于她们太熟悉对方而不分你我，把对方的秘密当成自己的而告知于人，严重影响了朋友的正常生活而使朋友关系难以维持。所以，就算是一对最好的朋友，也要适当保留一些个人的秘密，不必公开你的私人生活来证明你对朋友的诚意，也不要过分渴求朋友会对你的任何私人问题都有帮助，是自己的事就要勇敢面对。

每个人与亲戚、朋友以及和不同的人进行交往，应该有着不同的空间要求，因为每一个人，都需要在自己的范围内有个属于自己能掌控的自我空间，它就像一个透明的"气泡"，包裹着自己，建立了一定的"私人领域"。而当这个自我空间被人"刺破"就会感到不舒服、不安全，甚至恼怒起来，有可能还认为你心怀不轨，这好像就是一层玻璃的距离。

当你到朋友家拜访时，若遇上朋友正在读书学习，或正在接待客人，或正和恋人相会，或准备外出等，你也许自恃挚友，不顾时间场合，不看朋友脸色，一坐就是半天，夸夸其谈，喧宾夺主，却不管人家早已极不耐烦了。这样，朋友一定会认为你太没有教养，不识时务，不近人情，以后就会想方设法躲避你，以防你再打扰他的私生活。

当你有事需求人时，朋友当然是第一人选，可你事先不通知，临时登门提出所求，或不顾朋友是否情愿，强行拉他与你同去参加某项活动，这都会使朋友感到左右为难。他如果已有活动安排，不便改变，就更难堪。对你的所求，若答应则打乱了自己的计划，若拒绝又在情面上过意不去。或许他表面乐意而为，但心中总有几分不快，认为你太霸道，不讲道理。所以，你对朋友有所求时，必须事先告知，采取商量的口吻讲话，尽量在朋友无事或情愿的前提下提出所求，同时要记住：己所不欲，勿施于人。

好友亲密要有度，切不可自恃关系密切而无所顾忌，所以高明的人的原则就是：真诚但不和盘托出，亲近但不过度亲密。如果太亲密了，就可能发生质变，好比站得越高跌得越重。过密的关系一旦破裂，好友势必变成冤家对头。

有的人天真地认为，好朋友彼此熟悉了解，亲密信赖，如兄如弟，财物不分，有福共享，如果太客气，就是太见外了。其实，他们没有意识到，朋友关系的存续是以相互尊重为前提的，容不得半点强求、干涉和控制。彼此之间，情趣相投、脾气对味则合、则交，反之，则离、则绝。朋友之间再熟悉、再亲密，也不能随便过头，这样，默契和平衡将被打破，友好关系将不复存在。

小李与谢锋是同一宿舍的好友，两个小伙子戏称宿舍是他们的家庭，所有的东西都没有"标签"，甚至工资也混在一起，两人为这种很"铁"的关系而骄傲，当然别人眼里流露的除了羡慕还是羡慕。不久，谢锋有了女友，经常出去逛逛商场、吃顿饭，等等，于是两人的"合作经济"出现了危机。起初，谢锋觉得没什么，小李也不在乎，后来谢锋提出实行 AA 制，小李考虑再三同意了。

事有碰巧，一天，小李的母亲病了，当小李回宿舍取钱时，面对的却是空空的抽屉，小李不由得问谢锋："钱哪儿去了，工资不是才发了 3 天吗？"谢锋说："为女友买了条项链。"小李无言地离开了，他在别人那里借了钱为母亲看了病。从此两人的友谊出现了裂痕。有一天，两人提及此事，竟大吵了一架，从此两人之间纯真的友情也被画上了句号。

由此可以看出，友谊对财物往来的不平衡有一定的承受能力，但是，如果钱物往来出现过分倾斜，超过了友谊所能承受的极限程度时，友谊就难以包容，矛盾就会到来。所以，为了友谊而算账就要区别不同情况，弄清钱物及人情账往来的状况，求得双方在"量"上大致平衡，防止过分失衡。

但是，我们必须十分清楚，算账只是手段，其目的是为了友谊。真正的友谊是金钱买不来的。赢得友谊的真谛在于"奉献"、"付出"，并不寻找"等价交换"。甚至可以说友谊遵循的恰恰是一种亏己式的"倾斜"，即为友人多作贡献，而不希望对方回报。

只有在很多很琐碎、细小的事情上处理得较好，对方才会感到你这个朋友不管什么事都为别人着想，才会更加重视你们之间的友情。比如，外地的朋友给你打来长途电话，因为有一段时间没有联系了，彼此一定有比较多的话要说，如果对方是在家里打的电话，你就尽量拣最主要的谈一下，不要让通话时间过长；如果你的经济状况比对方好，就让对方挂上电话，由你打过去。再如，在由朋友帮助代买机票、火车票或什么东西时，最好先把钱送过去，即使未能提前送到，取东西时一定要带上。

这种有意向他人倾斜的心理是换取真正友谊的内在动力，人们的心意、友情虽然本身无价，但在交往中它们又可以成为具有特殊价值的砝码。当人们把情谊投入交往过程时，它就变得"价值连城"，同样可以对物质投入起到平衡作用。

在人与人之间的交往中，凡让人饱受伤害的或者怒气冲天的事儿，多是发生在朋友尤其是好朋友之间，这多是因为人们对友情寄予了过多的奢望，混淆了个体的差别。换句话说就是，生气都是自己找的。明白了这个道理，我们首先要以"亲密有间"的方式与朋友相处，尽力避免那些不愉快的事件发生，退而求其次，是在面对自己所不能接受的"意外"时，有足够的心理承受力，不要让愤怒扰乱了自己的生活。

第四章 把挫折看成一种阅历，不因境遇生气

> 人生几多风雨，几多无奈。人生路总是不平坦，生活中总会出现坎坷，面对种种不如意，我们都不能生气，也不能抱怨，只要把心放宽，勇对挫折，生活就会晴空万里。

退，不是逃

不是每个人的生活都处处有鲜花。

对于每一个人来说，出身、环境乃至某一段人生遭遇，都不是我们所能选择的，我们唯一可以控制的，就是自己的心情。如果我们能拥有一颗宁静广博的心，就不会因为环境的压力而灰心，不会因为眼前的困苦而沮丧。

1959 年夏天，罗伯特·福尤姆在一个小客栈找到一份在柜台值夜班和给马厩添饲料的工作。每晚当班时，他总听见即将回家的老板不客气地告诫："不可马虎，我会天天查的！"

22 岁的罗伯特刚从大学毕业，血气方刚，对这位从无笑容的老板大为

不满。

一星期过去了，雇员们每天一顿的午餐一成不变：两片牛肉熏肠、一点泡菜和粗糙的面包卷。罗伯特越吃越没味。午餐的钱竟还是从他们的工资中扣除的。

"简直是法西斯分子！"罗伯特变得难以忍受了。他感到自己确实被激怒了。没有发泄的对象，他只能向来接他夜班的西格蒙德·沃尔曼大发牢骚。罗伯特宣称："总有一天，我要端一盘牛肉熏肠和泡菜去找老板，把这些东西一股脑儿朝他脸上扔去。""这地方真见鬼，我真想马上卷铺盖离开这里！"

罗伯特越讲火气越大，滔滔不绝地嚷嚷了近20分钟，中间还夹杂着拍桌子声和下流的骂骂咧咧。此刻，他忽然注意到西格蒙德一直不动声色地坐在那儿，用他那悲伤、忧郁的眼神看着自己。

罗伯特想：西格蒙德当然有充分的理由悲伤、忧郁，因为他是犹太人、奥斯威辛集中营的幸存者，瘦弱，不停地咳嗽整整伴随了他3年。他似乎特别喜欢夜晚的工作，这样能让他感到安静，有足够的时间和空间回忆可怕的过去。对他来说，最大的享受莫过于没有人再强迫他该干什么。在奥斯威辛，他就梦想着这个时光。

西格蒙德终于说话了："听着，福尤姆，听我说，你知道自己错在哪里吗？不是熏肠，不是泡菜，不是老板，不是厨师，也不是这份工作。"

"我有什么不对?"罗伯特问道。

"福尤姆，你认为自己什么都懂，但你却连小小的挫折与真正的困难都分不清。假如你摔断了脖子，假如你整日填不饱肚子，假如你家的房子着火了，那才是遇到了难以对付的困难哩。任何事情都不可能尽如人意，生活本身就充满矛盾，它像大海的波涛一样起伏不平。学会区分什么是小小的挫折，什么是大的困难，不为小事而发火，你就会长生不老。祝你晚安。"

罗伯特意识到，在自己的一生中，很少有人这样看透自己。在漫长的黑夜中，西格蒙德朝自己踢了一脚，在他脑子里打开了一扇窗户。

多年以后，每当罗伯特面临困境、遇到挫折、想大发脾气、怨天尤人时，一张悲痛而又忧伤的脸盘就出现在面前并问他："这是难以克服的困难，还是小小的挫折？"

在生活中，每当遇到障碍的时候，首先要问自己：这是难以克服的困难，还是小小的挫折？凡是通过努力可以改变的事情，凡是随着时间的推移可以改变的事情，都无须为之灰心愤怒。为一时的境遇发火的人是幼稚的，若干天或者若干年后，回头再看今日的事，你是不是为自己当时的过激反应而羞愧？

世界上的每一个人，他们的生活不可能处处都是鲜花，成功之路也不可能一帆风顺，我们也不可能事事都比别人强。

那么，在我们的人生不是一帆风顺的时候，在我们的人生出现一些挫折的时候，在我们的面前不都是鲜花的时候，我们该怎么办？

有很大一部分人，对世事、对自身都抱有很高的期望，因为一心向前的冲力太大，碰到挫折阻力时，心理的适应性跟不上，由此产生的悲伤和恼怒就会被放大，在很长时间内都不能解脱。比如，有人在工作上出现了一个失误，受到了领导的批评。于是他想，这个事件，肯定会损害自己在领导心中的印象，领导不看好自己，即使有升职的机会也不会给自己，自己在公司就永远也没有出头之日了，自己没机会升职，工资永远也没有机会上涨，那自己的家庭生活条件也就永远没有机会改善了……沿着这个思路不停地想下去，他会觉得人生很绝望。

我们活在世上，想不遭受失败和挫折几乎是不可能的，但是调整好自己的心情，使自己不在烦恼的海洋里陷得更深却完全可行。这时候，只要我们后退一步，你会发现海阔天空，人生照样美好，天空依然晴朗，世界仍是那么美丽，你会得到很多东西，而不是失去，正如以下我们可能遭遇的一些事情。

1．做生意，原本想肯定能赚 100 万元，由于种种原因，最后只有 10 万元到手。这个时候，你后退一步想想：毕竟没有赔钱。当然了，退不是逃，你得总结一下，那 90 万元是怎么没有到手的。

2．单位里职称评定，你差一点就评上了。虽然的确可惜，但再可惜也没用了。这个时候，你后退一步想：这次差一点，下次就一点不差了。那么，回去再努力一年。这一年，你的成绩可能会大大令人惊讶。

3．被公司老板给炒了。这肯定不如你炒他心里那么痛快，老板炒你肯定有他的理由。没有这份工作了，还有许多路等着你呢。

4．生病。已经生病了，心情肯定不会很好，但心情不好对你身体的恢复只有坏处没有好处，因而尽量使自己不要沉迷在病中不能自拔，退一步想：毕竟只是生病，那就趁这个机会好好休息一阵，平时难得有这样的机会。

人生不如意的事十有八九，因为世界毕竟不是你一个人的世界，造物主尽量要公平一些，不可能把所有的好事都摊到你的头上，也要适当考验考验你，看看你在不顺的时候会是一种什么样子。如果你反应过激，他还会继续考验你，直到你能以一种平和的心态去看待、对待一时的不顺或者挫折。

失恋的酒

失恋是一杯红茶，前味苦不堪言。

谁都不愿意碰到失恋这种事，可它的存在是必然的，恋情的开始与结束，得到与失去，本就是一对孪生姊妹。对于心理正常、情绪稳定的人，恋情失去了也就失去了，小小地难过一下，并不妨碍他打起精神去做别的事；对于那些不知善待自己的人，失恋不仅仅是失去了一段感情，同时失去的还有生活的信心。他们的思路是这样的：她离开了我——我是没有魅力的人——我的人生是失败的人生。其实这中间，只有你和恋人分手是个事实，其余的一切，只是你的一种悲观的想象。

但是顺着上面的思路走下去，就会陷入一个死胡同，因之而形成的感情悲剧不在少数。

18岁那年，男孩在高中校园认识了邻班的女孩，朦朦胧胧的情愫在两人的心中涟漪般地荡漾开来，两颗年轻的心很快就为彼此而跳动了。

高三毕业，很不幸，成绩平平的他们双双名落孙山。女孩决定前往深圳打工，男孩却因为家里为他另有安排而不得不忍痛割爱。送女孩远行的那天，男孩温柔地牵过女孩的手说："等我……"女孩泪眼婆娑，紧紧拥抱着男孩不舍离去。那年他们19岁。

等男孩说服家里人也来到深圳时，时光已悄然滑过了一年。在女孩 20 岁生日的前一天，男孩来到了连在梦里都让他流连忘返的城市，因为那里有他的女孩。

可是等男孩见到思慕已久的爱人时，女孩冰冷的态度把男孩心中火热的情感浇得冰凉！女孩的话语让男孩坠入了无底深渊。女孩说他有男朋友了，请他忘了她！

男孩的心里空洞得连自己该往哪里走都不知道。心碎了、情伤了，魂牵梦萦的人要离开了。男孩把用尽自己所有积蓄为女孩买的项链紧紧地捂在胸口，第一次感觉到心痛的滋味令他泪流满面……

春节来临，女孩回家过年。男孩找到了女孩，带来了那条他视如生命的项链，可女孩却轻蔑地瞥了一眼，骄傲地用手指了指自己美丽的脖颈上那条闪着耀眼白光的心形坠链。

风雪交加的夜晚，男孩内心却依然燃烧着熊熊的火焰，对于女孩，此时他已经说不清是爱还是恨。男孩买了一桶红色的油漆，连夜走遍他们小县城的所有电话亭，刷遍"我爱你"3 个大字，连同女孩的名字和她的电话号码。

天亮了，雪停了，男孩被派出所的民警带走，已经成为本地"名人"的女孩无法忍受别人好奇的目光，年都没过，就又回到深圳去了。那一年，他们 21 岁……

我们可以失去爱情，但不要因此而失去生活，迷失自己。有些人一旦失去了爱情，就会连生活的重心也失去了，只剩下无助、寂寞、愤恨、悲观，甚至失去对生活的信心。可是再过几十年，等到自己老了，活明白了，回忆起那时候来，怕只剩下惭愧和悔恨了吧？

恋爱中的男女势必会因为逐渐淡漠的爱情走向分手。即使你仍深爱着对方，也要学会自己慢慢消解这段感情。你们的感情已成过去式，以后你要学会把"我们"这个词汇从头脑里抛开，以"我"的眼光来看待这个世界。

失恋是一杯红茶，前味苦不堪言，细品之后的余味却是绵长细腻，丰富了你的内心、你的生活。如果正承受失恋痛苦的你暂时还不能接受这种说法，那么你不妨现实一些，用学会一个人生活来为失恋疗伤。

这个世界上，没有谁离开谁活不下去，所以，那句"没有你我活不下去"的傻话最多只是一句强烈的感叹，千万不要相信那是真的。

几乎所有失恋的人都曾问过自己："如果我还和他在一起，会不会……"昔日的恋人实际上代表了一条你没有选择的人生道路，而对于不可能知晓的结局，人总会念念不忘，充满了好奇心，以及对虚幻的美梦抱有一丝遗憾。这种思维虽然是很正常的，但是如果不加控制，它将会不断滋生蔓延，像越滚越大的雪球一样最终将你完全吞噬。

我们将如何面对这种心理状况呢？

首先，你要强迫自己把眼前的玫瑰色眼镜移开，回想一下当初为什么要和他分手。要客观一点看待这个问题：你实际上是在不完整的回忆中，试图把一段由于某种原因导致破裂的感情再次理想化。

其次，要认清你所留恋的、真正吸引你的，并不是他的人，而是那些你们曾经一起做过的事。是你们曾经在周末街头漫步的夕阳美景深深吸引了你，还是曾经精心安排的约会让你终生难忘？不论你觉得现实多么不如意，你只要能从过去的美好记忆中找到所缺少的，并带回你现在的生活中就足够了。

另外我们要明白，自己的恋人并非是不可取代的。我们不单单是一个人，更是一种类型，就像喜欢吃饺子的人，多半也热爱包子和馅饼。如果你是玫瑰，只要清醒地坚定地寻找到百合种属中的一朵，你就基本获得了幸福。

一个成熟的人，就要理智地对待自己的情感，千万不要因为某个人而痛苦且消极地活着。感情的事情并不是谁都能把握得了，为什么要为一个已经与自己毫不相干的人而让自己陷入不愉快的心情中呢？一个不懂得欣赏你的人，没有资格让你为他难过悲伤，每一个人的人生都是美好的，某个人的离开，只能说那个懂你的人还没有出现。他不是你生活的全部，与其让自己陷入到一个无望的爱情中，不如潇洒地转身，投入你的下一次旅程。

与其抱怨，不如沉下心

把怨气变成干劲，把消极变成自觉。

每个人都在成长，这种成长是一个不断发展的动态过程。也许你在某种场合和时间内达到了一种平衡，而平衡是短暂的，可能瞬间即逝，不断被打破。成长是无止境的，生活中有很多东西是难以把握的，但是成长是可以把握的，这是对自己的承诺。可能会有人妨碍你的成功，却没有人能阻止你的成长。

在我们的成长过程中，有些挫折看上去很可怕，但是，更可怕的却是我们被它激怒，做出一些不恰当的反应。

被誉为"史上最牛女秘书"的瑞贝卡没想到一个小问题竟然导致自己面临无人敢聘的困境。话还得从头说起，EMC大中华区总裁陆纯初晚上到办公室拿东西，因忘记带钥匙又联系不上秘书瑞贝卡，怒火冲天的陆纯初用邮件给瑞贝卡发了语气严厉的"谴责信"并转发给公司其他高管。此时，身为秘书的瑞贝卡不但没有及时向上司及人力资源高管说明情况，更没有及时承认错误并向上司道歉，而是用咄咄逼人的语气回复了邮件，并过火地转发给EMC在中国各个分公司的同事。一时间，邮件被数千人转载，事情的发展已经远远超出了原本只想"出一口气"的瑞贝卡的控制范围。没过多久，她在公司便无法待下去了。更糟糕的事情还在后面，离开公司后的瑞贝卡才发现，因为自己把事情闹得过大，导致现在自己已经找不到工作了。

瑞贝卡痛快地把自己的上司骂了一通看起来似乎很过瘾，但过瘾之后带来的则是无穷的祸害，先是离职，后是无法找到工作。原本一封道歉信就能解决的小矛盾，在瑞贝卡的发泄中变得无法收拾，最后受伤的肯定是把矛盾由小变大的始作俑者。

进入社会，走向职场，一定要把自己的心态摆正，心态一定要是积极的、乐观的。工作中总是有一些负面的东西影响你，比如遇到困难、缺乏资源、得不到上面的支持以及政策变化等，如果你消极对待，你的工作效率将会大打折扣，你就会给别人留下负面的印象，无形中你就会丧失很多机会。要有一种积极的态度，加强自己的修养和见识，有一个比较灵活的处世方式，而不是过多地固执己见。

在职场中，我们既要学会如何去面对失败，也要学会面对成功。一定要与公司的大环境保持一致，所作所为应该符合这个公司的整体文化和价值观。做事情、想问题要有大局观。从大处着眼，从小处着手。知道自己的工作对于公司整体的意义，既能保持与公司方向的一致性，又能时刻跟上变化的脚步。而一直与周围的环境格格不入的人，也往往是职场中最痛苦的人，同时，还会是公司最不受欢迎的人。只要改变有关的认识，完成有关的突破和转变，他们同样会从消极走向积极，从失败走向成功。

某国际知名公司一位叫普尔顿的年轻人，上司让他去一个新的、十分偏僻的地方开辟市场。公司的产品要在那个地方占领市场，在很多人看来是很困难的。因此，在把这个任务分派给普尔顿之前，已经有 3 个人找理由推掉了上司交代的这个任务。他们一致认为那个地方没有市场，接受这个任务最终结果也是一场徒劳。普尔顿在得到上司的指示后什么也没有说，带着一些公司产品的资料和样品就出发了。

3个月后，普尔顿回到了公司，他带回的消息是那里有着巨大的市场。其实在普尔顿出发前，他也认定公司的产品在那里没有销路。可是他想着上司既然那样决定一定有他的道理，所以选择了无条件地服从。也正是因为这样，他依然前往，用尽全力去开拓市场，并最终取得成功。

适应职业环境有两种方式：一种是改造职业环境，使环境合乎我们的要求，另一种形式是改造我们自己，去适应环境的要求。无论哪种方式，最后都要达到环境与我们自身的和谐一致。

首先要主动接触周围的环境。在调和职业环境和自身之间的矛盾时，要从主观上采取积极态度，而不是消极地等待。不要封闭自己，更不要与周围的环境作对，要有目的地去融入集体，找到属于自己的位置。

其次，要积极调整，选择恰当的对策。以进入职场的新人为例，即使受到周围环境的排斥，也不要变得不安、困惑、自暴自弃，而是找到最佳的方案，改变自身或是审时度势，有条件地选择改造环境的条件。适应世界，学会面对与接受，并不是消极地在世界面前躲避，恰恰相反，是让我们更能积极地影响世界！

面对可能出现的困扰，还可以采用适当的心理防御措施。与其抱怨，不如沉下心来，多学点有用的东西，多想想怎么通过把现有的工作做好，获得更多的机会和发展。越觉得不如意，就会越消极，甚至走进死胡同，结果变得无路可走。而越能早早适应"不如意"，就越能从积极的角度去思考问题，把怨气变成干劲，把消极变成自觉，因此就能创造出一片海阔天空。

用好心情打造你的天堂

你的家是天堂还是地狱？

生活中，我们不必总是去乞求阳光明媚的艳阳天，狂风暴雨随时都有可能光临。当遇到困难时，不要选择逃避，我们要想得开，天无绝人之路，生活既然丢给我们难题，同时也会给我们解决问题的能力。天下没有绝对的好事，也没有绝对的坏事，任何事的好与坏总是相对的。

其实快乐并不是客观存在的，而是需要去感知的。满足于现实中的生活，那么就会觉得快乐。如果一个人每天都被欲望驱使，那么他永远不会感知到就在身边的快乐，那么他也就不会快乐。拥有 99 枚金币的人，会不满足为何不是 100 枚，而身无分文的人有了一枚就会很幸福。同样一种生活，有人感到幸福，有的人却不能，这的确发人深思。

一次，苏格拉底邀请了一些人来家里吃饭，他的妻子因饭菜简陋而感到羞愧，苏格拉底却说："不用担心，如果他们是具有智慧的，那么他们都会明白也都能忍受；如果他们是没有智慧的，那我们又何需自寻烦恼？"苏格拉底认为，肚子饱的时候，吃山珍海味也不会觉得鲜美；而当饥饿的时候，任何食物都是再好不过的。所以，苏格拉底总是不饿时不吃、不渴时不喝。因为这样，任何一种饮料都合他的胃口，任何一种食物他都吃得很愉快，因为食欲就是最好的调味品。

这就是苏格拉底告诉我们的:只有需求最少,才更容易得到快乐。

需求少的人往往更容易得到快乐。得不到快乐的人,往往是因为对快乐缺乏感知,不知道快乐的真谛。他们总是给快乐定一个高度,没有达到这个高度的时候,他们总是觉得不快乐。在许多人看来,人生中似乎有许多苦,失去了自认为宝贵的或得不到渴望已久的东西,于平常人都是痛苦之事。在很大程度上,你的人生快乐与否主要取决于你的人生观。

玛丽·托德是美国历史上最伟大的总统亚伯拉罕·林肯的妻子,她和林肯的婚姻,是两个人共同的不幸。

订婚后不久,林肯便发现自己和未婚妻在性格、志趣、修养和思想方面都不同。玛丽·托德曾在肯塔基州一所贵族女子学校读书,讲的是一口当时美国上层社会中引以为荣的带点巴黎口音的法语,她对服饰及外表极为讲究,还常常将她的"阔祖宗"挂在嘴上,因为她的祖父、曾祖父和曾叔祖做过将军和州长。林肯为人谦逊和蔼,而玛丽·托德却孤傲自大、心胸狭隘、忌妒心极强,并十分任性。

玛丽·托德不但脾气暴躁,而且喜怒无常,对别人十分挑剔。婚前,她常拿服侍她的女仆当出气筒,婚后,林肯就变成了她的"箭靶子"。每当林肯出现在她面前时,她就会喋喋不休,她对林肯身上的每一个部位都看不顺眼,嫌林肯的头长得太小,手脚长得太大,鼻梁不直,下腭突出,看上去像只猩猩。她最看不顺眼的是林肯走路的姿势,她认为林肯走起路来脚提得太低,没有气派,活像个印第安人。她成天逼着林肯在房间里学她的步法,一定要他在走路时先将脚趾着地,因为这种步法是她幼年时从那所贵族女子学校中学来的。

林肯曾在斯普林菲尔德当过好几年检察官。那是一个偏僻的城镇，交通很不方便，所以那里的11位检察官平时都住在家里，只是在开庭时才来到这里。而林肯则不然，他即使在法庭休会时也住在斯普林菲尔德肮脏的小客店里，忍受着蚊子和臭虫的叮咬，而不愿回到家中去听他太太没完没了的唠叨和责骂声。

林肯是一位幽默而又风趣的人，对任何人都不摆架子。他当总统后，喜欢人们叫他"林肯先生"，而不要称他为"总统先生"。玛丽·托德则不然，她既傲慢又爱虚荣，非要所有的人都称他俩为"总统先生"和"总统夫人"。有一次，一位跟随林肯多年的老仆人当着玛丽·托德的面叫了一声"林肯先生"，她就马上发了脾气，跳起来指着这个老仆人的鼻子骂他是"无法无天的蠢虫"。从此后，再也没有人敢称呼林肯为"林肯先生"了。

林肯在给他的朋友写信时写过这样一段话："我现在是全世界活人中最不幸的一个，假如我把所感受到的痛苦平均分配给地球上的每一个家庭，那么地球上将不会有一个面带笑容的人。我觉得我今生决不会再有快乐日子了。"

林肯逝世后，美国人民缅怀他的心情与日俱增，他在美国人民心目中的地位也越来越高，因此"悍妇玛丽"的"名声"自然也越来越响了。在今天的美国，"林肯夫人"差不多已经成了"悍妇"的同义词。而她自己也因为理想与现实的距离，因为对眼前一切的憎恶和挑剔，一生都陷在痛苦的深渊里。玛丽·托德晚年患有歇斯底里症，这也是命运对她的报应。

你的家是天堂还是地狱，只在自己一念之间，坏脾气制造了地狱，好心态营造了天堂。同时，制造了地狱的人，自己也跌入了痛苦的深渊，营造了天堂的人，自己也变成了幸福的天使。只要我们换个角度去看待生活，那么人生将是多么美好！有了快乐的心境和正确的态度，人生才会圆满。不富足不要紧，但不能没有快乐，如果连快乐都失去了，那活着还有什么意义？因为快乐是人的天性的追求，开心是生命中最顽强、最执着的韵律。

第五章　把打击当成一种挑战，不因挑衅生气

生活中，我们不妨拥有一种"阿甘精神"，面对打击和挑衅，心中自有平湖，焦虑、困惑、苦恼、麻烦便会自去。以镇静的心态面对现实，少一份浮躁就多一份明智。

阿甘精神

永远要相信自己，不要太在意别人的目光。

人的一生难免要遭遇到难堪的误解，遭到他人不公正的批评甚至辱骂，但要记住：不要因对方一句不公正的批评或难听的辱骂而失去理智。遇事不急不躁，做到神闲气定才是做大事的素养。

3年前，小李受到一位同事的辱骂，心中非常愤慨。在回家的路上，装着满肚子的火气，想着如何报复这位辱骂者。

无意之间，他走进了路边一家玩具店，他看见两个小学生正指着一个存钱用的瓷人评头论足。遗憾的是他们对瓷人的夸张造型并不理解，可是瓷人

坐在货架上对那些无知的指责却无动于衷。

小李望着那个瓷人,只觉得自己滑稽可笑,受了一点儿委屈却连一个存钱用的瓷人都不如,还算什么男子汉大丈夫!这么一想,他满肚子火气一下子不知跑到哪儿去了。

小李对那个瓷人产生了好感,便掏钱买了一个。

生活中任何人都会有不如意、不顺心的时候,当你和他人发生矛盾,当你受到不公平待遇的时候,你的激愤之情便会膨胀起来,浮躁与冲动便会像一匹脱缰的野马,一旦让它狂奔起来,它就会践踏掉你很多的东西。

每个人都有自己的脾气,不要指望你遇到的每个人都是圣人。《羊皮卷》的作者奥格·曼狄诺曾说过:"今天我要学会控制自己的情绪,我从此领悟了人类情绪变化的奥秘。对于自己千变万化的个性,我知道,只有积极主动地控制情绪,才能掌握自己的命运。"

我们所有的焦虑、困惑、苦恼、麻烦,甚至是奋发努力几乎大部分都起因于担心别人会怎么说。别人信口开河,你就信以为真,全然不知许多时候人家只是在拿你说事而已。在意他人的言语甚至到了怀疑自己的地步,这是人性所具有的一个奇特的弱点,我们经常过分重视他人对自己的看法,其实,只要稍加反省就可知道别人的看法并不能影响我们可以获得的幸福!要知道幸福是存在于心灵的平和及满足中的,所以要得到幸福就必须合理地限制这种担心别人会怎么说的本能冲动。

在一个美好的星期天下午,美国宾夕法尼亚州弥尔顿好时学校田径场,近600名来自美国各州、加拿大和中国的少年正在进行 "好时青少年国际田径锦标赛"的总决赛。烈日下,迈克尔·约翰逊把作为嘉宾应该做的事情做完，然后轻捷地走过跑道，老远就向看台上翘首期待着他的孩子们挥手，喊道："我过来了，不着急。"接着，孩子们围住了他，亲热地与他打招呼，有的递过小本子，有的摘下帽子，或者直接脱下 T 恤，让迈克尔在上面签名。

他黝黑健壮，穿着运动衫，戴着棒球帽，看上去很年轻，与 2000 年从田径赛场退役时没什么差别。被人潮推来搡去，他依然很和善地笑着。

迈克尔轻松自如地在赛场上走来走去，听到发令枪响，就在跑道旁看一会儿，拍着手为每一个孩子加油。"孩子们跑得不错，我注意到有几个少年的身体条件很优秀，"他说，"有梦想很重要，永远要相信自己，不要太在意别人的目光。"

正如他所说，迈克尔一向不在意别人的评论。世人大概永远不会忘记他的跑姿，太特别了——挺胸、撅臀、梗着脖子。在《阿甘正传》这部电影出现之前，人们给他取的绰号是"鸭子"，其后，才被唤作"阿甘"。无数人对他的跑姿发难，他既不发怒，也不改正。他说："我的跑姿和身材有关，是自然形成的。许多人都批评过这种姿势，说技术是多么多么的不合理，但我始终坚持。"

这怪异的跑姿伴着迈克尔参加过 3 次奥运会，共夺得 5 枚金牌及 9 枚世界田径锦标赛金牌。尤其具有传奇色彩的是在 1996 年的亚特兰大奥运会上，国际田联和国际奥委会破天荒地专门为他修改了田径赛程，把 400 米和 200 米半决赛之间的休息时间从 50 分钟改为 4 个小时。这个"善意的体谅"最终让迈克尔在那 4 个小时间，一举包揽下 200 米和 400 米两项金牌，19 秒 32 和 43 秒 18 的世界纪录至今无人能破。

如今已经投身体育教育的迈克尔，给孩子们的建议是："永远要相信自己，不要太在意别人的目光。"一如当年他面对别人向他跑姿发难时的平静。

受到认可和尊重是人的心理需求。别人的情绪以及周围的环境，是我们无法控制的，但我们可以控制自己的情绪，阻止一些矛盾产生，或是主动平息一些矛盾。

以镇静的心态面对现实，少一份浮躁就多一份明智。只要能保持镇静的心态，任何人都会佩服你泰然自若的精神状态，而你自己也可以在这种镇静中集中力量去完成你的事业。

爱情可以在理智之间抉择

在爱情之中，保持一种清醒与理智，理智让爱情更新鲜长久。

在爱情面前，有时候我们是盲目的，不完全知道什么才是自己的第一需要。周围的人对自己有好评，则欣然陶醉；差评太多，则会跟着怀疑究竟这是不是真爱。即使一个平日里很有主意的人，在外界的压力中，时常也会有失控的表现。

在爱情之中，保持一种清醒与理智，将帮助我们做出适合于自己的选择。

苏月一早上都不太高兴，从早上起床眼皮就开始跳，跳得她有一些心神不宁。她将家里的门窗、煤气都认真检查了一遍，孩子也平安地送到了学校，老公出差在外面似乎也很顺利，为什么就是觉得这天会发生什么呢？或许是晚上吹了一夜的风，有一些思绪混乱吧。

带着这种不安，苏月来到单位。她是公司的会计，每天所做的事情就是整理账目，这需要很大的细心和敏锐，这天是周一，一大早，便积累了一堆的账目需要她去清理。她埋头一直做事，直到发现周围有异样，才发现所有的目光都聚在自己身上。

有人闯到公司来找她，是一个戴着眼镜的男人，她不认识。刚要开口，那个男的先发制人："你就是苏月吧？管管你的丈夫，别让他一直在外面乱搞。"说完，扔了一叠照片在她的桌子上。她拿起这些照片，是的，是她的丈夫，是她那个长年在外出差的丈夫，她今天早上还与他通过电话。

苏月的火一下子冒出来，为什么这种事偏偏让自己赶上？但这里是公司，她不好发作。这个时候，前台的人已经急匆匆地带着保安赶了过来，要强拖着那个男人离开写字楼，那个男人走前还骂骂咧咧的，吵着说还会等苏月下班。

不一会儿，丈夫的电话打过来了，或许是他已经知道了事情的进展，他是来道歉的。苏月本来有一肚子的话想骂出来，可是躲在安静角落的她什么都讲不出来，只是说了一句："我现在在上班，我现在心里很乱，你说什么我都听不进去。你回来吧，回来我们再好好谈谈。"

本来午饭苏月是叫外卖的，但是她知道她必须要下去一趟。果然，眼镜男就等在大厦的门口。苏月还带了公司平时一个关系不错的男同事给自己做保镖。

眼镜男又要冲过来，苏月就站着不动。她只是说："我理解你的感受，我也是受害者。这里不是说话的地方，你跟我来吧，我请你吃饭。"

原来丈夫的婚外情人是和他一起出差的同事，怪不得她的丈夫只能找自己。她对眼镜男说："你应该找的不是我，我是刚刚才知道。你应该找的是我丈夫和你妻子，如果他们一定要在一起，我是不会反对的。你自己要考虑清楚你的选择，而不是来找我出气，我也帮不了你什么。你没有必要将错加在我头上，你即使找我出气，也解决不了问题。"

她说完就开始吃东西，似乎要把所有的怨气全借着食物消灭干净。

眼镜男觉得苏月完全是通情达理之人，自始至终都对自己以礼相待，便不再纠缠，提前离开了，桌上的食物一点都没有动，倒是他偷偷地去收银台将账结了。

连身边的男同事都有一些诧异："苏月，你怎么不发一点脾气？你也不像是受欺负的人啊？对这种人，干吗还这么礼貌？"

苏月的眼泪一下子掉下来："我就是扮演成泼妇，跟他大吵一架，有用吗？能改变什么呢？我只知道，我现在自己不能出事，我还有很多事要做。"

苏月晚上下班回去的时候，丈夫已经在家里了，并且将孩子送到了奶奶家。苏月没有和他大吵，而是心平气和地听他认错、忏悔。他们也最终没有离婚，日子继续过下去。

在以后的时光里，面对丈夫殷勤的表现和孩子天真的笑脸，苏月认为，自己对感情的维护一点儿也没有错。

在感情生活中，如果有一方出轨，另一方的第一反应就是委屈和愤怒，因为忠诚并没有换来对等的忠诚。是原谅他，只当是一次不经意的偶然，还是宁为玉碎不为瓦全，这里面并没有清晰的是非对错。但是无论如何，当事人一定不要被怒火烧昏了头，想清楚了再作决定，要知道，那些不会让你后悔的选择才是有价值的，无论如何，你没有必要为了怨气和面子而陷入一场没有休止的战斗。

虽然有"旁观者清，当局者迷"的说法，但是对于别人有关感情的任何说法，也都只能作为参考，而不能轻易选择一种去付诸实施，那样做的结果会让你与幸福擦肩而过。

她与丈夫又吵架了，结婚3年来，这到底是第几次，谁也不记得了。

从第一次吵架，她心里就隐约闪现过"离婚"两个字。只是她听说，幸福之家是吵架声比邻居低一些的家庭，因此才没把这点小别扭放在心上。

可这一次不一样，她已经找到了离婚的依据。那天晚上，他俩开始了吵架后的冷战，在咬牙切齿和无所适从中，她从床上摸起一本杂志，发现上面有这么一句话：专家说，一栋因地基没打牢而出现裂痕的房子，你是修补还是拆掉？一桩有裂痕的婚姻，你是维持还是摧毁？修补濒于破裂的婚姻比摧毁它要困难得多。

她恍然大悟：危房确实是应该拆除而不必再作修补的。

没过多久，他俩又吵架了，这次她把"离婚"二字明明白白地提了出来，并且很坚决地到法院递了诉状，因为她认为这桩婚姻已是一栋危房。

在等待判决的日子里，她百无聊赖。别人下班回家，她在办公室翻看报纸，从报纸上看到一段话：专家说，婚姻是一件瓷器，做起来很困难，打碎很容易，然而收拾好满地的碎片却是件不易的事。

她的心好像被鞭子轻轻地抽了一下，在婚后的 3 年里，丈夫的习性、嗓音和喜好，都已深深地烙在心中。如果分离，这些记忆的碎片她该如何清理？

她一下子糊涂了，真不知危房理论和瓷器说哪一个更正确。第二天，她悄悄地跑到法院把离婚诉状要了回来，她要想清楚再说。

她几乎被这些理论弄糊涂了。当她不由自主地走回家时，丈夫已虚门等待。她倒在丈夫怀里，什么话也不想说，任泪水肆意地流淌。第二天，她就把那份报纸连同那本杂志扔进了垃圾箱，她觉得她已不需要任何婚姻理论了。

别人的婚姻理论没有对错之分，但在爱的世界里，你一定要相信自己的感觉，万不可听从别人的诱导，做出违心的选择，那样你会后悔莫及。

我们不应该被行家之言所吓倒。当我们遇到我们确实熟知的领域，如我们的身体、我们的家庭、我们的感情，我们可以听听行家如何说，但更重要的是自己做主。我们的推测或许和他们差不多，有时可能还要比他们的强些。毕竟，自己的感情，还是自己最懂。

不逞一时之快

有老僧入定的心情，那些激怒你的动作自然会消失于无形。

相信每个人都遇到过无礼的挑剔和无端的污蔑，许多对你不熟悉，还不了解你底细的人，可能会通过一些小事来为难你，然后从你的反应中寻找攻击你的法门。

遇到这种情况，我们要如何应对呢？

一般来说，激怒别人有两种方式。

第一种是在言语上激怒你。譬如讽刺你、嘲笑你、挖苦你，或指桑骂槐、无中生有、含沙射影……

第二种是在工作上激怒你。譬如故意为难你，左一句"难以配合"，右一句"可行性不高"……

如果对方有心激怒你，这些动作都会使得他不温不火，甚至姿态摆得很低，你明知他是故意的，却拿他一点办法也没有。你唯一的办法只有忍下来，不动声色，他的言语，不要去理会，若要反驳，也要笑着反驳，轻柔地说明；他在工作上的为难，你也要平心静气地，一而再、再而三地请求，或请求同事朋友帮忙。他姿态低，你的姿态要更低。

千万不可被他激怒，你一怒，大家都会看着你而不看着他。大家只看到你丧失理性的怒火，而没看到他的卑劣伎俩，于是，本来你是无辜的，怒火一烧，你也变成理亏了。如果你不易控制自己的情绪，心生怒火可能让你说了很多不该说的话，做了很多不该做的事，也给了别人很多把柄。他分毫未损，而你已遍体鳞伤。

石苞是西晋时期一位著名的将领。晋武帝司马炎曾派他带兵镇守淮南，在他的管区内，兵强马壮。他平时勤奋工作，各种事务处理得井井有条，在军中享有很高的威望。

当时，占据长江以南的吴国还依然存在，吴国的君主孙皓也还有一定的力量，他们常常伺机进攻晋朝。对石苞来说，他实际上担负着守卫边疆的重任。

在淮河以南有一个名叫王琛的人担任监军。他平时看不起出身贫寒的石苞，又听到一首童谣说："皇宫的大马将变成驴，被大石头压得不能出。"石苞姓石，所以，王琛就怀疑：这"石头"就是指石苞。

于是他秘密地向晋武帝报告说："石苞与吴国暗中勾结，想危害朝廷。"在此之前，风水先生也曾对晋武帝说："东南方将有大兵造反。"等到王琛的秘报送上去以后，晋武帝便真的怀疑起石苞来了。

正在这时，荆州刺史胡烈送来关于吴国军队将大举进犯的报告。石苞也听到了吴国军队将要进犯的消息，便指挥士兵修筑工事，封锁水路，以防御敌人的进攻。晋武帝听说石苞固守自卫的消息后更加怀疑，就对中将军羊祜说："吴国的军队每次来进攻，都是东西呼应，两面夹攻，几乎没有例外的。难道石苞真的要背叛我？"羊祜自然不会相信，但晋武帝的怀疑并没有因此而解除。凑巧的是，石苞的儿子石乔担任尚书郎，晋武帝要召见他，可过了一天的时间他也没有去报到，这就更加引起了晋武帝的怀疑，于是，晋武帝想秘密地派兵去讨伐石苞。

晋武帝发布文告说："石苞不能正确估计敌人的势力，修筑工事，封锁水路，劳累和干扰了老百姓，应该免他的职务。"接着就派遣太尉司马望带领大军前去征讨，又调整了一支人马从下那赶到寿春，形成对石苞的讨伐之势。

王琛的诬告、晋武帝的怀疑，石苞一点也不知道，到了晋武帝派兵来讨伐他时，他还莫名其妙。但他想："自己对朝廷和国家一向忠心耿耿、坦荡无私，怎么会出现这种事情呢？这里面一定有严重的误会。一个正直无私的人，做事情应该光明磊落，无所畏惧。"于是，他采纳了部下孙锋的意见，放下身上的武器，步行出城，来到都亭住下来，等候处理。晋武帝知道石苞的行动以后，顿时惊醒过来，他想：讨伐石苞到底有什么真凭实据呢？如果石苞真要反叛朝廷，他修筑好了守城工事，怎么不作任何反抗就亲自出城接受处罚呢？再说，如果他真的勾结了敌人，怎么没有敌人前来帮助他呢？想到这些，晋武帝的怀疑一下打消了。后来，石苞回到朝廷，还受到晋武帝的优待。

在大是大非的紧要关头，应该冷静地对待和妥善地处理。对于自己所受到的不平遭遇要勇于忍受，不要因此而惊恐不安或者气愤不已、轻举妄动，那样只能把事情搞得更糟。

当污水向一个人泼来的时候，最能检验这是一个什么样的人，是小肚鸡肠、什么也容不下的匹夫，还是目光远大、不计较一时一事之荣辱的高人。

王小慧在一家外企公司的驻京办事处担任行政经理一职，从到任的第一天开始，她就强烈地感受到了同事于敏对她的戒备之心。于敏为这家公司工作多年，资历较深，为了保住代理经理的职位，于敏当面奉承王小慧如何如何好，背后却经常在老板面前说王小慧的坏话。有一次，王小慧因为车子出了点问题，迟到了几分钟，于敏便借题发挥，给老板打小报告说她身为行政经理，没有时间观念，不以身作则，何以服众？此外，王小慧的一切工作业务，也无不在于敏的关注之下，只要有什么疏漏，于敏必然在老板面前大肆渲染。

对于这一切，王小慧心中当然也是愤愤不平。在一次同学聚会中，王小慧遇到了前几届的师兄，如今，他已经是一家外经贸公司的副总了。听到小师妹诉苦，师兄指点她说："这种事情哪个单位都有，这种人你走到哪里都避不开，所以，任他千变万化，你有一定之规。领导那里你不必急着去辩白，因为领导只关心结果，根本没有时间去分析下属的是是非非。无谓地解释，只能给领导一种你头脑不清、工作能力差的坏印象。你要做的，就是什么也不做，只做好自己的事。"王小慧听了，若有所悟，暗暗点头。

在公司里，王小慧并没有像于敏那样四处散播不满言论，仍然兢兢业业地完成自己的工作。半年后，王小慧正式被公司委派做办事处经理，而于敏一气之下辞了职。

面对挑衅，针锋相对的做法也许可以打击敌对者，但是同时自己无论从形象上还是从人气上都不免要受到损伤。只有那种从容镇定、不以为意的作风，才是最让人折服的。所以，不管在什么样的情况下，千万别被激怒，有老僧入定的心情，那些激怒你的动作自然会消失于无形，而且，以后再也不会有人来激怒你。

问题出现要回应，而不是反应

我们要有一颗沉稳的心、一双善于明辨的眼睛。

对于一个成年人来说，维护好一个美满的家庭，是他做人和处世能力的最基本的体现。如果一个人连自己的家务事都料理不明白，在社会上人们也难以信任他管理其他事务的能力。而且，一个和谐美满的家庭，可以解除我们的后顾之忧，为我们在社会上打拼提供最有力的支持。

"家和万事兴"，维护好一个"和"字，一定要有雅量。有些家庭内部的小事，视而不见，本来也没什么大不了，如果抓住不放，便会搅得人心不宁。

唐代宗时，郭子仪在扫平安史之乱中战功显赫，成为复兴唐室的元勋。因此唐代宗十分敬重他，并且将女儿升平公主嫁给郭子仪的儿子郭暧为妻。这小两口都自恃有老子做后台，互相不服软，因此免不了发生口角。

有一天，小两口因为一点小事拌起嘴来，郭暧看见妻子摆出一副臭架子，根本不把他这个丈夫放在眼里，愤愤不平地说：

"你有什么了不起的，就仗着你老子是皇上！实话告诉你吧，你父亲的江山是我父亲打败了安禄山才保全的，我父亲因为瞧不起皇帝的宝座，所以才没当这个皇帝。"

在封建社会，皇帝唯我独尊，任何人想当皇帝，就可能遭满门抄斩的大祸。升平公主听到郭暧敢出此狂言，感到一下子找到了出气的机会和把柄，立刻奔回宫中，向唐代宗汇报了丈夫刚才这番图谋造反的话。她满以为父皇会因此重惩郭暧，替她出口气。

唐代宗听完女儿的汇报，不动声色地说：

"你是个孩子，有许多事你还不懂得。我告诉你吧，你丈夫说的都是实情。天下是你公公郭子仪保全下来的，如果你公公想当皇帝，早就当上了，天下也早就不是咱李家所有了。"接着他又对女儿劝慰一番，叫女儿不要抓住丈夫的一句话，乱扣"谋反"的大帽子，小两口要和和气气地过日子。在父皇的耐心劝解下，公主消了气，自动回到了郭家。

小两口关起门来吵嘴，在气头上，可能什么激烈的言辞都会冒出来。如果句句较真，就将家无宁日。杀人不过头点地，自己又能得到什么好处？唐代宗用"装聋作哑"来对待小夫妻吵嘴，不因女婿讲了一句近似谋反的话而无限上纲、大动杀机，而是化灾祸为欢乐，使小两口重归于好。他的这笔利弊得失的账算得很明白。

处理家庭内部的纠纷，以顺其自然为佳，激烈的反应，只能雪上加霜，把问题推向复杂化，冷静地回应，有什么事说什么事，自然云消雾散。

米琪和她的丈夫决定在星期六晚上 6 点左右，到他们俩最喜欢的餐厅用餐。那天她的丈夫和同事去打篮球了，米琪则和她的朋友一起逛街，一起吃午餐、喝咖啡。

时间过得很快，马上就到约会的时间了，但米琪由于路上堵车，来不及赶到餐厅。当她到达餐厅时，丈夫已经坐在里面了，两眼直盯着窗外。看着这情形，米琪为迟到而向丈夫道歉，并告诉丈夫自己今天和朋友在一起过得很愉快，还让他看自己买的那些东西。

最后米琪从包里拿出一份特别的礼物——一对漂亮的金色袖扣，和她丈夫穿的西装很搭配。米琪以为丈夫会高兴，没想到他只是喃喃说了声"谢谢"就把袖扣放进口袋里，然后一语不发地坐在那里。

米琪看着丈夫的情绪很怪，以为他不说话是在惩罚自己的迟到，或是想让自己紧张。这顿晚餐两个人没有说一句话，气氛非常沉闷。

在回家的路上，丈夫还是一言不发，很安静地开着车，米琪心里就在想，一定出现很严重的问题了。米琪试着找出是什么问题，最后决定回家后再提出来问。

到家后，丈夫直接走进客厅，打开电视，两眼茫然地盯着它看。从他眼里流露出的信息仿佛是在告诉米琪，我们之间完了。米琪最后怀疑到丈夫一定有别的女人了，他一定在想别的女人。他不想告诉自己，是不想伤害自己。

就这样，米琪和她的丈夫一起坐在沙发上，坐了15分钟，后来米琪实在是受不了，就回屋睡觉去了。10分钟后，丈夫也进来了。令米琪讶异的是，他竟然拥抱自己，并对自己说："亲爱的，对不起，你知道吗，今天火箭队把最关键的比赛输掉了。"

最后米琪才恍然大悟，自己的丈夫是篮球迷，非常喜欢火箭队，他今天不说话的原因就是因为自己支持的球队输了球啊！

在家庭生活中，我们要学会谦让、容忍，克制住自己的情绪，在遇到困难或一些棘手的事情时，必须要冷静地思考，试着多与家人交流沟通，而不是自己一个人在那里胡思乱想，凭空夸大事实。

我们要有一颗沉稳的心、一双善于明辨的眼睛，能够发现哪些小事最后可能量变引起质变，哪些小事可以忽略不计，任其自由发挥。只有如此，人生才会张弛有度，才不会纠缠于各种琐事中，失去了生活重心，抓不住主要矛盾。

第六章　把非议看成一种监督，不因流言生气

> 人人都有惹人非议、被人误解的时候，甚至被流言蜚语围绕。面对流言，保持"任尔东西南北风，我自岿然不动"的态度，泰然处之，是是非非，总会水落石出。

流言蜚语付之一笑

关于流言，你可以选择无动于衷。

所谓："人言可畏，众口铄金，积毁销骨。"获得坏名声相当容易，因为坏事易令人相信且难以抹掉，其传播速度也是相当的惊人。那些议论不知道在什么地方兴起，也不知道在什么时候结束。

人生在世，再怎么都绕不过别人的那张嘴，如果你值得关注，很多人都会从不同的角度去评价你、分析你、赞誉你，或者痛骂你，甚至侮辱你、诽谤你。我们应该如何对付这种种行为呢？

任何的愤怒、反击，都是中了放风者的下怀，他们本来就是在投石问路，现在有了反应，怎能不高兴呢？所以对于他人的非议，应该以简单直接的应对方式无视它，这样，双方的角逐，就变成了对方的独角戏，他唱得也就没什么

意思了。

更为谦恭也更能为自己赢得人气，慎重对待这些真真假假的流言，对这些无根无据的诽谤可以深感恐惧，但不必立即从表面上采取反击。你所要做的就是收敛自己，认真反省，对自己的一言一行、一举一动都要十分谨慎，这样，那些蜚短流长的诽谤便会不攻自破，直到消失。

美国《费城晚报》曾遭到一则谣言的恶意中伤，谣言说该报纸只为追求利润，拼命大登广告，新闻少而小，读者务必抵制，等等。这个谣言不胫而走，闹得满城风雨。报纸并未撰文刊登澄清事实的文章，而是印了一本《一天》的书，把每天的新闻剪下，分门别类地集中起来，公开发售。这样一来，人们看到报纸每天都刊登了大量有趣、生动、吸引人的文章与新闻，谣言自然便不击而溃了。

清代有个叫钱大昕的人说得好："诽谤自己而不真实的，付之一笑，不用辩解。诽谤确有原因的，不靠提高自己的修养与进步是不能制止的。"有的人一听到对自己的诋毁之言就怒不可遏，要去论个明白，不能忍受诽谤之气，而有大智慧、大修养的人却视之为平常。我们每个人都应明白一点，无风不起浪，那些攻击我们名誉的人固然可恨、可鄙，但这却正表明了我们的行为中确实也存在一定的过失和不足之处。我们要把这些诽谤当作一种批评，从中汲取教训，让诽谤的人再也不会有可乘之机。这才是保护名誉更深的意义所在。

如果你不幸被谣言的利刃刺中，一定要保持冷静，区别对待。与工作有关的谣言，可以在一定的场合里当众予以澄清。与个人有关的，最好不予理睬。就像"解释误会更会被误会"一样，你无法解释清楚。不予理睬是最好的办法，泰然处之、光明磊落，任何谣言都会随风而去。

所以，面对谣言，而且真相一时难以辨明时，沉默就是最好的反击，时间就是最强的武器，修正自己，谣言就无立足之地，不久则会不攻自破。

害死人的臆想

少一些猜疑，还婚姻一片绿洲。

爱情是美丽的，爱情也是自私的，于是，有人就混淆了爱与占有的概念，把在爱情中所表现出来的疑虑、焦急、患得患失的情绪，都当成是爱到极处的体现。其实爱情给人们带来的应该是安宁和满足，"放不下"不是正常的爱情心理。

每个人都需要保持合理的戒慎恐惧之心，因为这是一种本能意识，也是一种生存的需求。但是，如果这种心理过分了就会变成焦虑，就会开始疑神疑鬼。

嘉莉和小丁是一对年轻的夫妻。一日闲谈，嘉莉提及本单位一位男青年勤奋好学，并批评小丁不学无术，小丁十分生气地对妻子说："他样样都好，你看他好，跟他去过好了。"嘉莉听罢，又生气又委屈，为此夫妻之间发生了口角。

从此，小丁暗生疑窦，每每留心妻子的行踪，后来干脆待妻子出门就跟踪侦察。一天，嘉莉要去赴"特别约会"，她怕丈夫知道了"吃醋"，误了大事，于是行前谎称回娘家拿件衣服，便走出家门。小丁则悄悄地跟在她的后面企图弄个水落石出。果不其然，小丁见妻子并没有朝娘家方向去，而是来到市内某个公园前，与一位已经等候在那里的男青年相遇后，如老相识一般说起话来。小丁再也压不住心头的怒火，赶上前去，不由分说，就给了妻子一记耳光，并对其破口大骂，不堪入耳。立刻众人云集，正在纠缠不清时，一位中年妇女挤上前来，小丁定睛一看，见是妻子的二姑。原来是嘉莉和她姑姑做红娘，今日各领本单位一位青年在此约会。小丁鲁莽从事，闹出了笑话，也破坏了和妻子的感情。

猜疑容易使夫妻感情疏远。相爱的人，本来由于心灵的互相呼唤与撞击而结合在一起，应该是了解较深、亲密无间的。一旦有了猜疑，便会使彼此在心理上产生距离。猜疑越深，距离越大，增添无谓的纠纷，使夫妻关系的基础摇摇晃晃。被猜疑者也背着精神包袱，在"亲爱者"的监护下感到手足无措，言行也受限制，甚至感到人格上蒙受屈辱。有的则易产生一种逆反心理：你越猜疑，我越要反猜疑；你越怕我与异性接触，我偏要与异性往来。搞得不好，说不定还会"弄假成真"。

如果一旦发现自己的思绪背离了正常的轨道，总是对任何事物都抱着怀疑的态度，那么你就要警惕了，把心放平，把脚步放慢，认真观察生活的本来面目。

阳子和林峰结婚不久就分居两地，阳子在北京工作，而林峰则被调到了山东。人们都说婚姻中的两个人身处两地是危险的，阳子和林峰之间也发生过一些麻烦，但是，信任的力量最终填补了两个人的隔阂。

几年过后，林峰终于被调回了京城，小两口结束了牛郎与织女的宿命，其乐融融地在一起生活了。但是，上天仿佛要考验他们的爱情。阳子又经受了一次对爱情、对婚姻的考验。一天，阳子像往常一样做好晚餐后坐在沙发上等待着即将下班的丈夫回来一起吃饭，手机却收到了一条奇怪的短信，上面是这样写的："我是李晴，你的丈夫爱上了我，但是他却没有勇气向你说出来，所以，如果你识相的话，就主动和他离婚吧！"看到这样的信息，一时间阳子蒙了，一些想法排山倒海般地涌上来：难道我们分开的这么多年里他真的爱上了别人？我们之间有了第三者吗……不，他不会的。阳子马上冷静了下来。丈夫每天正常上下班，节假日也都在家陪着自己，这怎么可能呢？阳子选择相信丈夫。

这时丈夫回来了，阳子和林峰一起吃晚饭，阳子有意无意地问林峰："你认识李晴吗？你们关系怎么样？"林峰没有丝毫的惊慌之色，淡淡地说："一般同事吧，现在可能多了一层关系，我们部门要评选新的主管了，候选人一个是我，一个是她，还有一个是老王。怎么突然提到她了？"阳子随便找了个借口搪塞过去了，就再也没有问过。不久后的一天，林峰下班后一把把阳子抱住兴高采烈地告诉她，他被评上主管了。阳子也很高兴，炒了好多菜庆祝。林峰那天特别高兴，对阳子说了许多话。原来，林峰也没有想到事情会进展得如此顺利，本来他们3个人的实力旗鼓相当，各有所长，没想到会如此容易地当选。原来，就是那个叫李晴的女人，也给老王的妻子发了这样一条信息，结果老王的妻子就到单位一顿闹。就是因为这件事，两个人被双双淘汰了。而林峰也就顺理成章地坐享渔翁之利了。此时，阳子才把她一直保留的那条信息拿给林峰看。丈夫看过之后，拥着妻子，深情地对她说："谢谢你，老婆，你的信任就是我得到的最好的礼物，谢谢你。"

婚姻生活中，除了爱以外，最少不得的就是信任。信任让家庭少了一分争吵，多了一分彼此会意的心灵相通。而这份信任并不是与生俱来的，是两个人在长期生活中不断地坚守着自己的承诺，不断为对方保守着隐私，在需要之时互相体谅的种种生活细节，以及不断增加的心理依赖感。深爱并不能深信，信任就像是徒步走在沙漠中的行者所背在身上的水，婚姻长路漫漫，沙漠广阔无边，但是只要行者带着对方的一份信任，就像是有了源源不断的水源，终有看到绿洲的一天。

不畏谗言不争名

一身正气，也可照亮一片天空。

有人相信清者自清，浊者自浊，只要行得端、立得正，谗言并不足惧。这种认识，其实不够全面，谗言考验的不仅是一个人的清白，还包括了他在被"陷害"中表现出来的态度。

西汉的杨恽，为人重仁义、轻财物，为官廉洁奉法，大公无私。可是在他官运亨通、春风得意之时，有人忌妒他，在皇帝面前说他对皇帝心怀不满，表现得那么廉正只是为了笼络人心，以便图谋不轨。

皇帝虽然不喜欢贪官，但更害怕有人和他唱对台戏，哪怕你才干再好、品德再好，你如果敢对他稍有微词，便会招来灾祸。经人这么一告发，皇帝勃然大怒，就把他贬为平民。看来没有让他身首异处，就已经是大慈大悲了。

杨恽本来官瘾不大，又乐得清闲，虽丢了官却并不感到十分难过。原先做官时，添置家产多有不便。现在，添置一些家当，与廉政并无瓜葛，谁也抓不到什么把柄。于是他以置办财产为乐，在每天忙忙碌碌的劳动中得到许多平凡生活的乐趣。

他的一个好朋友听说这件事后，预感到他这样下去可能会闹出大事来，就连忙给杨恽写了一封信说："大臣被免掉了，应该关起门来表示心怀惶恐，装出可怜兮兮的样子,以免别人怀疑。你这样置办家产,搞公共关系,很容易引起人们的非议。让皇帝知道了,不会轻易放过你的。"

杨恽心里不以为然,回信给朋友说:"我认为自己确实有很大的过错,德行也有很大的污点,应该一辈子做农夫。农夫虽然没有什么快乐,但在过年过节杀牛宰羊、喝酒唱歌来犒劳自己,总不会犯法吧!"

怪不得杨恽做不好官,他竟连"欲加之罪,何患无辞"的常识也不懂,有人把他视为眼中钉、肉中刺,又向皇帝诬告说,杨恽被罢官后,不思悔改,生活腐化,而且最近出现的那次不吉利的日食,也是由他造成的。皇帝不问青红皂白,命令迅速将杨恽缉拿归案,以大逆不道的罪名将他腰斩了,他的妻子儿女也被流放到酒泉。

本来杨恽戴罪免官之后,应该听从友人的劝告,装出一副逆来顺受的样子,这样皇帝和敌人就不会注意他。即使是最凶恶的老虎,看到它的对手已经表示屈服,也会停止攻击。杨恽却没有接受教训,他还要置家产、搞公共关系、交朋友,这不是明摆着与皇帝唱对台戏吗?于是被皇帝以大逆不道的罪名杀害。因为杨恽不能忍住自己的不满情绪,不会提防皇帝和敌人抓住自己不满的把柄,终于酿成了自己被杀、家人遭流放的悲剧。

一般来说,那些制造谗言的人基本上都是有备而来,或是对自身条件估计得比较充分,非常自信能够战胜你。他们通常对你的要害部位施行猛烈攻击,使你十分被动而无招架之力。此时你可以在旁敲侧击中留给对方去得出某种结论的余地,以避免可能出现的争论。

晋文公一次用餐时,厨官让人献上烤肉,肉上却缠着头发。晋文公叫来厨官,大声责骂他说:"你存心想让我噎死吗?为什么用头发缠着烤肉?"

厨官叩着响头，拜了两拜，装作认罪，说："小臣有死罪 3 条：我找来细磨刀石磨刀，刀磨得像宝刀那样锋利，切肉肉就断了，可是沾在肉上的头发却没切断，这是小臣的第一条罪状；拿木棍穿上肉块却没有发现头发，这是小臣的第二条罪状；捧着炽热的炉子，炭火都烧得通红，烤肉烘熟了，可是头发竟没烧焦，这是小臣的第三条罪状。君王的厅堂里莫非有怀恨小臣的侍臣吗？"

晋文公说："你讲得有道理。"就叫来厅堂外的侍臣责问，果然有人想诬陷厨官，晋文公就将此人杀了。

这明显是个冤案，如果厨官正面辩解，有可能是火上浇油，使晋文公怒气更盛而获死罪。因此，厨官采取正意反说的方式为自己辩解：切肉的刀如此锋利，肉切碎了而头发居然还绕在上面；肉放在火上烤，肉烤熟了而毛发犹存，这明显不合乎事理。至此，厨官已证明自己无罪，同时提醒晋文公，是否有人陷害自己？厨官的辩解顺其意，却能揭其诬，可谓灵活机巧，这种做法也是非常必要和适当的。

喜欢直言直语的人常常只看到现象或表面，也只考虑到自己的"不吐不快"，而没有考虑旁人的立场、观念、性格和感受。所以，直言直语不论是对人或对事，都会让人受不了的，于是人际关系就出现了阻碍，同事们都离你远远的，生怕一不小心被你的直言直语灼伤。任何一种意思都可以含蓄隐晦地表达，与人说话时，言语不可太直，否则会招惹对方不快。因此，委婉地表达自己的意思，有可能收到期望达到的效果。

超然面对闲话，一如既往走自己的路

尽自己之力，撑起一把伞，维护家庭港湾的宁静。

这个世界离不开闲话，和自己有关的，和自己无关的。和自己无关的，不要去散布，也不要去在意，和自己有关的，更不要去在意。为此而影响了心情，也只是影响自己。如果真的因为闲话而生气、担心、急躁、发怒，只能中了那些说闲话者的下怀，最后亲者痛，仇者快，得不偿失。

我们常说家庭是一个人的港湾，可是这个港湾也是社会的一分子，风雨的侵扰也是可想而知的。我们阻止不了刮风下雨，只能尽自己之力撑起一把伞，维护家庭港湾的平静。

这把伞要以爱心为伞面，以智慧为伞柄。遇事三思而后行，避免因愚蠢莽撞带来的冲突。

从前有个愚人，在一夕之间突然富有了起来。但是有了钱，他却不知道要如何来处理这些钱。他向一位和尚诉苦，这位和尚便开导他说："你一向贫穷，没有智慧，现在有了钱，可是依然没有智慧。城内有大智慧的人不少，你出 1000 两银子，别人就会教你智慧之法。"那人就去城里，逢人就问哪里有智慧可买。有位僧人告诉他："你倘若遇到疑难的事，暂且不要急着处理，可先朝前走 7 步，然后再后退 7 步，这样进退 3 次，智慧便来了。""智慧这么容易买到吗?"那人听了将信将疑。

那人当天夜里回家,推门进屋,昏暗中发现妻子居然与人同眠,顿时大怒,拔出刀来便想行凶。这时,他忽然想起白天僧人对他说的话,他想:何不试试?于是,他前进7步,后退7步各3次,然后点亮了灯光再看时,发现那个与妻子同眠的人原来是自己的母亲。这人有幸买了智慧,避免了一场杀母大祸。

生活中,面对任何疑难之事,都不能先冲动起来,一时的冲动往往会导致严重的后果,实在有些得不偿失。而控制自己的情绪,是一个人成熟、稳定的最直接的表现,也是担当大事的先期准备。

南南从小生活在单亲家庭,由妈妈养大。她有父亲,只是已经和另外的女人结了婚,有了新的孩子。

在别人眼里,她就是一个被抛弃的孩子,被人怜悯也被人欺负。每次放学回家,路上认识的人看到她,都会下意识地和身边的人交头接耳两句。

每到这时,她就认定那些人是在说自己,小小年纪的她不知道该怎么处理,只能低着头匆匆走过。她心里委屈极了,回到家,躲在妈妈怀里委屈地大哭。女儿哭,妈妈也跟着哭。

在离婚的那段日子里,南南的妈妈也听尽了周围人的闲话,她特别理解女儿的感受。如果被传闲话的是她自己,她也许就忍了,但是这关系到自己的女儿。为了女儿,她不能任其发展。孩子还小,任何事情,都会影响到她的成长,如果给她留下心理阴影,将会影响她一辈子。况且,错的不是自己,更不是自己的孩子,为什么要让孩子受这份苦。

第二天,她下午提前请了假,将自己打扮一新,早早地等在孩子的校门口，她要陪孩子亲自走一趟回家的路。

南南看到门口的妈妈，高兴地扑过来。母女俩手牵着手，慢慢地走着。路上的人见到她们，有的人只是静静地观望，有的人依然是议论纷纷。

对于那些安静的人，南南的妈妈自然地回看过去，脸上保持着微笑，倒是那些盯着她们看的人，会觉得失礼而收回自己的目光，也点头笑笑，便开始忙其他的事情。对于那些看着她们，仍然刻意说个不停还要大声地让她们听到的人，她就拉着孩子走过去，轻声介绍说："你们好，你们应该认识我的，我住在村子的东头，这是我的女儿南南，我的女儿每天都要独自一人走这条路回家。我要忙着工作，拜托你们平时多照顾她一些。"

说闲话的人毕竟本身并没有恶意，被她大方得体的问候弄得有一些尴尬，但都一一笑着点头了。

接下来的几天，南南的妈妈也是亲自陪着女儿走过那段路的。对于那些议论是非的人，她都一一打了招呼，并没有去质问或是对骂，而是说希望他们照顾自己的女儿，女儿性格懦弱，她怕孩子受人欺负。

渐渐地，南南一个人走路回家也不再战战兢兢，也开始和同学一起结伴而行。以往那些对她指指点点的人还会亲切地跟她打招呼。

也就是从那时起，南南学会了坚强，学会了用正确及健康的方式来面对这些闲言碎语，不被其所累。

闲话是无法阻止和控制的，闲话的存在是社会的正常现象。根据英国社会心理学家研究指出，说闲话是人类独有的特性。所以，只能用正确的方式去面对闲话，不要乱了自己的方寸。

对待别人的议论，要选择性失聪。谣言止于智者，只要自己过得好，不要管别人说什么，只要是无伤大雅的，左耳进，右耳出，装作没听见，让日子过得简单单纯的人会比较幸福。听到闲话，最好的应对方式是保持冷静。

　　"人言可畏"的时代已经过去了，要培养自己抗击打的能力。面对闲话，可以一笑置之，平静地去面对，也可以冷眼旁观，但一定不要将这些闲话放到心里面。想一下，说闲话的人，自己说完早已经忘记了，何苦自己还拼命记着。

　　另外，我们要知道，人和人之间的沟通少，误会自然少不了。有的闲话或许是因为别人的误解造成的，对于那些是因为错误的理解而形成的闲话，要慢慢试着去沟通，让别人去了解真实的自己。不要刻意地去与人沟通，而是要抓住机会，改变别人因误会而形成的错误观念，恢复原有的平静生活。

第七章　把争端看成一种切磋，不因分歧生气

学会如何化解争端，调和矛盾，方能为自己创造和谐融洽的氛围。

争吵不是唯一解决问题的方式

争吵永远不是唯一能够解决问题的方式，换个方式可以更好地解决问题。

关于人与环境的关系，最能说明问题的一句话是：物竞天择，适者生存。适应指的是一个人对外在环境的顺应，是人们与生存环境之间的一种互动关系。一个人是否适应他所处的外在环境，直接影响到他本人的生存状况，越是适应环境的人生活得越好。

从某种意义上说，环境就等同于是已经形成的规则、已经成为事实的状况，无论你对其满意还是不满意，它都客观存在。贸然冲撞，受伤的只能是你自己。

面对已经无力改变的事实，你不妨先承认它是合理的，让自己平静下来之后，再寻找解决的办法。

一天下午，刘晟有急用去一家银行取钱。他心急火燎地赶到银行门口时，却看到奇怪的一幕，自动取款机前排起了长龙，而营业厅里静悄悄的，一个人也没有。他心想，那些人真傻，怎么不到柜台取钱呢？

刘晟走进营业厅，掏出储蓄卡递给营业员，营业员问："取多少钱？"刘晟说："取3000元。"营业员说："对不起，先生，我们这儿有规定，取款在5000元以下的，到自动取款机前取款。"刘晟扭头看了看自动取款机前长长的队伍，心想等把钱取出来，黄花菜都凉了。他只好对营业员解释说："我有急事，能不能通融通融，先让我取。"营业员态度冷漠地说："这是规定！"没办法，刘晟只好去外面排队。

这时，有一个中年人在柜台上取了5000元钱。看着这个人，刘晟突然灵机一动，有了主意。他再次把储蓄卡递给营业员，营业员这次有点儿生气，说："不是说了让你到外面取吗？"刘晟说："我取5000元。"这次营业员无话可说了，乖乖地给他取了5000元。刘晟从取出的钱里面数出2000元，连同储蓄卡递给营业员。营业员不解地望着他，刘晟笑笑说："存2000元。"

营业员张了张嘴想说什么，但没说出来。存完了这笔款，刘晟说："这是我的规定，取完再存，银行应该没有规定说不能这样存吧？"

刘晟来到外面，看着自动取款机前排着的长队，大声地把自己的取钱"高招"告诉了排队的人们。听了这话，又有几个人直奔柜台去了。

麻烦是人制造的，也是人可以解决的。在各持立场的争执面前，你不必强调自己的理由多么充足，观点多么正确，这样只能使你们之间的对立更为严重。你要先承认对方的合理性，然后再在对方的观点和自己的利益之间找到平衡。

老周从老家山东出差到武汉，有位年轻的同事正准备结婚，想买一台高档进口彩电，便托老周帮忙带回一台。

到武汉后，老周听说某商业街的货物美价廉，尤其是小孩子的衣服比商场便宜许多，便想先去逛逛那条商业街，给小孙子买几件衣服，再到商场替同事看电视机。

到了那条商业街，老周发现果然名不虚传，于是替小孙子选了几套衣服，付完钱，老周正准备走，忽然发现钱包不翼而飞了。这下老周可着急了，钱包里有同事的几千元钱！刚才旁边也没什么人，只有卖衣服的姑娘和自己两人。老周思考，十有八九是卖衣服的姑娘随手把钱包塞进了衣服堆里。

老周问姑娘："小同志，看见我的钱包没有？"

姑娘一听，翻了脸："噢，你是说我拿了？那你去叫警察呀！"

老周一听，姑娘的口气不对，自己并没有说她拿了，只是询问一下，她这不是"此地无银三百两"吗？

老周明白，自己只有一个人，一旦离开小摊，赃物转移，那就再没希望了。如果和她来"硬"的，只会把关系弄僵。于是，他决定来"软"的，他笑了笑说："我也没说是你拿了，是不是忙中出错，混到衣服堆里去了？"这话很有分寸，给姑娘下台准备了台阶。

这时来人买东西，打断了他们说话。老周摆出了"持久战"的架势，盯着货摊。姑娘显得有些心神不安。

等货摊又只剩他俩时，他压低声音悄悄地说："姑娘，我一下子照顾了你许多生意，你怎么能这样对待我呢？我看你年纪轻轻的，在这个热闹街道摆摊，收入一定不错，信誉要紧哪！"老周的这番话有恳求、开导及暗示的意思，说得姑娘低下头，显然在进行思想斗争。

他继续道："这钱是单位同事托我代买结婚东西的。要是丢了，我一个工薪阶层，哪里赔得起呀？我这一大把年纪了，还出这种事，叫我怎么有脸回去见人哪！姑娘，你就替我仔细找找吧。"

姑娘终于经不住他的恳求，说："哦，给你找找看。"

果然，她就坡下驴，翻了一阵子，在衣服堆里"找"出了钱包，羞答答地递给老周。

捆硬柴火要用软绳，对于棘手的事，可以自己先退一步，给对方一个权衡利弊的机会，在双方都不伤筋动骨的情况下，取得决定性的胜利。

做人大概可以分为两种类型：一种是理智型，另一种则是情绪型。有的人脾气很差，实际上就是自我控制能力不强、好冲动的直接表现。这类人群因为脾气不好的原因很容易惹火上身，甚至明明知道是对方有意的激怒也会心甘情愿地上钩，只出一时之气而不计一切后果。不要小看情绪的波动，冲动往往是引发矛盾和误会的导火索。我们每个人都应该树立起自己理智的一面，让一场即将爆发的争吵或争斗消融在你的智慧中，换个方式就可以解决的问题，何必要大动肝火呢？

不要试图改变你的情侣

每个人都有自己的生活方式和习惯，苛刻地要求改变对方是一种残忍。

在我们的感情生活中，光有任劳任怨的好品格是不够的。每个人的个性、脾气、修养各不相同，当你选择或者接受一份爱情的时候，对对方要有一个基本的了解，并要具备一种做符合对方要求的伴侣的心理和能力。爱是两个人的探戈，需要想到配合着跳好它，若你只按着自己的鼓点起舞，难免不被对方踩了脚。

冰冰对抽烟深恶痛绝，于是从结婚那天起就规定丈夫涛从此必须不沾一点烟，幸好涛没有烟瘾，慢慢地就将烟戒掉了。

但是，涛却是一个典型爱玩乐的男人，隔三差五总喜欢邀一帮朋友来家打牌、喝酒聚会一下。平时也比较懒，难得洗一次衣服、更不爱收拾家。而冰冰却是个喜欢整洁、安静的人，她不喜欢涛呼朋唤友，要涛的衣服最好一天一换。从结婚那天起她就一直试图改造他，费尽心思、磨破嘴皮，却总是收效甚微，冰冰感到很无奈。

有一次，她回家时看见屋子里云山雾海、酒气熏天，而涛坐在一群朋友中间，手里居然夹着一根烟，和大家谈笑风生。想到自己在这么长时间里，软硬兼施、想方设法地想改变涛，不承想他居然如此顽固不化，冰冰顿时感到自己改造的功夫全白费了，事后就和涛提出了离婚。

涛一下子紧张起来，他是多么的爱冰冰啊！他躺在床上想了一天，决定尝试着改变自己，并请求冰冰给自己一个机会。

于是，涛爱干净了，衣服还总是熨得平平整整的，家里再也看不到涛和朋友玩乐的场景了，开始整天围着老婆转。冰冰开始时还感到很欣慰，但是心里老感觉哪里不对劲，是什么呢？冰冰一直想不通。

直到偶尔有一天，冰冰翻看以前的相册时，才明白，原来，涛没有以前的张扬和快乐了。记得自己见到他的第一眼，他正在和一群朋友高谈阔论，他无所顾忌的笑容一下子就跳到了自己的心里。然而，现在呢？涛习惯了一个人在屋子里看电视、听音乐，一个人安安静静的。这是自己喜欢的涛吗？冰冰感到不知所措了……

涛基于对冰冰的爱而愿意顺应她的要求去改变自己，但是，却完全地失去了那个本真的自我，变成了另外一个人，这是冰冰始料不及的，但是事实上，没有几个男人愿意有这样的改变，毕竟男人不是面团，可任女人捏成理想中的形态。

感情的矛盾，至此已露端倪，如果不知调整自己的行为，从对对方日常生活的管束，上升到干预他的事业、前程、人生选择，更深层的危机还在后面。

托尔斯泰是历史上最负盛名的小说家之一，所著《战争与和平》及《安娜·卡列尼娜》被视为文学瑰宝。他出身有钱的贵族家庭，信奉耶稣后，他即散尽家产救济贫民，住在乡野，坚持过自己心目中理想的俭朴生活。

可是，托尔斯泰夫人却无法接受他这般单纯的生活哲学。她喜欢奢华的生活，追求名声和社会地位，她一直追求着财富。为了达成她的愿望，有许多年她一直设法想改造托尔斯泰先生，甚至威胁他自己将自杀或跳井。于是，结婚48年后，不堪忍受婚姻痛苦的托尔斯泰竟在一个风雨交加的夜晚离家出走，最后客死在一个破旧的乡村旅馆里。更可悲的是，对婚姻生活充满厌恶的托尔斯泰临终的遗言竟是"不允许夫人来看他"。

我们应当承认，"改变伴侣"并不比"家庭和谐，夫妻恩爱"更值得。当你心头的火气平息，不再一味钻牛角尖儿的时候，对于伴侣的"改造工程"就可以找到一个新的思路。带着抵触情绪与他正面交锋是不明智的，你虽然不能从根本上改变一个人，但你却可以影响他，有时改变他的行动。

要让伴侣有所改变，只能从一些细节上入手，给他一种潜移默化的影响。当然，你不可能改变他的整个性格，只能改变他的某种习惯。首先，你必须确信你是对的，也就是说，这种改变对他有好处，或者对你有好处；之所以要改变他，并不是因为他和你的爱好不同，而是因为他的习惯的确不好。如果你确实认为你对他的改变合情合理，可按以下几条原则去做。

1．以身作则。如果你是一个善良且有爱心的人，待人和蔼、富有耐心，你就应该做给他看（例如你可以注意饮食、加强锻炼、精心照料他的母亲等）。接着，你可以让他像你那样去做，他就可能有所改变。

2．切勿指责。指责只能让人产生逆反的心理，反而强化不良行为。如果你想让他有所改变，千万别指责他"讨厌"。

3．引导。简单地说，引导的意思就是采用某种战术和外交手段让别人做你需要他做的事和做有助于他的事。比如说，男人大都是大大咧咧、不拘小节，在家庭中更是这样，东西放得到处都是，把整个屋子堆得乱七八糟，不成样子，没有落脚的地方。这时，教训他也无济于事，最好的办法就是循序渐进地疏导，他每做完一件小事，最好给一点精神上的奖励，不要视而不见，这样久而久之生活便会变得井井有条了。

"影响"伴侣，虽然有时候不会取得立竿见影的效果，但是为了长期美满的婚姻关系，你的努力绝对值得。

孝从"顺"起

孝顺父母，有"顺"才可称之为孝。

父慈子孝、夫妻和乐，是中国人关于幸福家庭的最重要的标准。从内心的意愿说，我们绝大多数人都希望父母的晚年生活能够过得快乐，并愿意为此尽自己应尽的那份责任。所有一切父子冲突问题、婆媳关系问题，归根结底都是由于两代人观念的不同而产生的分歧。对父母的孝，就需要你扔掉自己固有的观念，尊重他们的内心需求。

刘邦当年离开家乡打天下，母亲早逝，留下父亲和自己的夫人在农村生活。后来他成了大事，坐上了皇帝宝座，就把父亲接到了洛阳过幸福生活。

当时他是天子，是天下百姓之父母，自己的一言一行都被人注视着。忠孝仁义，这几点都应做得周全，"孝"当然就在其中了。

父亲来了，刘邦每天依旧照着故乡的风俗礼节侍奉太公，每天早晚问候，跟原先在家做儿子一样。

太公虽然脾气不好，但是个老实人。自从儿子做了皇帝后，他似乎有点儿无所适从。做了太上皇，脸上的笑容更少了。常常见他一个人在夕阳西下之时独自呆坐，看着天边，长久不语。太公身边有个家人，姓张，人称张公。张公为人正直，又很有心计，对太公非常忠诚。见太公这般情状，张公瞅着一个空儿问:"太上皇可是想家了吗?"

太公点点头,又深深叹了口气说:"在这里,一天到晚被奉承着,吃好、穿好、睡好,可心里却不好受。宫殿呀,绸缎啊,有什么意思?成天不见一个熟人,闷死了。在丰邑,到处是乡里乡亲。每天闲来无事,从村东头溜到西头,从南面田地走到北面山坡。有花香、有鸟叫,那多好!张家长,李家短,走到哪儿都够聊半天。在这异乡,成天都是朝政呀、封赏呀,这些都与我这个老头子无关。古人说,叶落归根,我是快入土的人了,真怕死在没有乡亲的地方,多孤单!实话实说,我真想回丰邑去。那里还有我的几间茅草房,有落脚的地方。"

张公听了,不由一阵心酸。于是,他把这一切说给刘邦听了。

"这怎么行?"刘邦急忙说,"怎能让太上皇一个人回故乡呢?"

"陛下,老年人最怕孤单,他在这里太苦了!"张公说。

刘邦想了想,说:"这个不难,我想办法让太上皇高兴就是啦!"

不久,他找到了吴宽。吴宽是个百里挑一的能工巧匠。他令吴宽火速赶往他的故乡丰邑,把丰邑那一带的田园房舍、树林沟坡都一一绘制成图,带入洛阳。

吴宽在洛阳选择了一块荒野之地,照着图上的样子,建起了另一个丰邑。由于故乡的房屋都粗陋简单,不过是些竹林茅舍。只用两个月的时间,就都造成了。

有了故乡的样子,还少故乡的人。刘邦诏令村里的左邻右舍、熟人朋友,迁来几十户在此。太上皇每天在此和乡邻说说笑笑,随意来往,还自己种点儿小菜,养养小鸡,心情好多了,从此,他也不提回老家的事了。

关于刘邦的故事中,重建丰邑一事充满别样的温馨。所谓孝,其实也简单,不外是体贴老人的心意,让他心中舒畅罢了。

作为普通百姓，当然没有那一代帝王的大手笔，但我们可以在力所能及的范围之内，尽尽自己的心意。某市电视台记者就"孝顺"的概念随机采访，一位出租车司机说："孝敬"就是哄，人老了心眼都小，你只要心里有数，表面上哄着、顺着老人不就行了。一大家子住在一起，做儿女的应该带头造个好气氛，大家融洽了，老人也特爱帮着你买菜、做饭、看小孩，分担家务，这不很好吗？

孝顺本来就在和谐里，有"顺"才可称之为孝。在家庭内部推广这个概念，可以说是以爱人的需求关心爱人，以孩子可以接受的方法管教孩子，当你因为家务事烦恼的时候，认真想一想：我是不是有些主观了？凡事站在对方的立场考虑一下，分歧将不再成为分歧。

让对方赢得辩论，你赢得朋友

与人争论，就是在浪费自己的时间。

有一种人，反应快、口才好、心思灵敏，在生活或工作中和人有利益或有意见的冲突时，往往能充分发挥辩才，把对方辩得脸红脖子粗，哑口无言。

在辩论会、谈判桌上，这种人也许是个人才，但在日常生活和工作场合中，这种人反而会吃亏，因为日常生活和工作场合不是辩论场，也不是会议场和谈判桌，你面对的可能是能力强但口才差，或是能力差口才也差的人，你辩赢了前者，并不表示你的观点就是对的，你辩赢了后者，只凸显你是个好辩的人罢了。

而一般常见的情形是，人们虽然不敢在言语上和你交锋，但对的事情大家心知肚明，反而会同情"辩"输的那个人，你的意见并不一定会得到支持，而且别人因为怕和你在言语上交锋，只好尽量回避你。如果你得理还不饶人，把对方"赶尽杀绝"，让他没有台阶下，那么你已种下一颗仇恨的种子，这对你绝对不是好事。

每一个人都相信自己才是真理的拥有者，为此，他们常常争论不休，但他们却不知道，言辞是很苍白无力的，它很少能说服他人改变立场，就算是口若悬河的诡辩家也挽救不了自己的命运。所以说，逞口舌之利是毫无意义的，不但不能改变别人的立场，反而把自己逼上绝路，一个明智的人应该学会以间接的方式证明自己想法的正确性。

1981 年，王永庆为了节省 PVC 原料的运费，决定成立一支船队，直接从美国和加拿大运回 PVC 原料二氯乙烷（EDC），所以需要采购一批化学运输船。

章永宁是当时中船公司的董事长，他意识到如果能够争取到国际闻名的台塑的订单，那就证明中船具有承造要求极其严格的化学船的能力。于是，章永宁与其他 9 家知名的造船公司展开了激烈的竞争。在 10 家公司竞标时，中船并非最低标价，但是在议价时，中船为了取得订单，一再忍痛降价。双方讨价还价，眼看就要成交，最后王永庆希望中船能将价格的零头——50 万美元去掉。

章永宁听后欲哭无泪，中船经过几个月的千辛万苦，价格已经到了赔本的地步，王永庆还要压价。章永宁虽然很想痛斥王永庆一番，但是还是忍着痛，和气地说："王董事长，我们还是好朋友，这笔生意我不做了，我不能对不起我的员工。"没想到王永庆感动之余，还是把造船的订单给了中船。

章永宁之所以能获得特大订单，最重要也是首要的一条就是：在整个谈话过程中，即使对方的要求非常过分，他也一直没有争论，避免了与对方正面冲突，从而一举中标，中船也因此一战成名。

人心都是好胜的，如果我们硬要争出个子丑寅卯、胜负成败的话，即使你取得了口头上的胜利，你要做的事情却非失败不可。人都是喜欢与谦和的人打交道，如果你能以谦和的态度对待别人，就能把事情处理好。

林肯说过："一个成大事的人，不能处处计较别人，消耗自己的时间去和人家争论。无谓地争论，不但有损自己的性情，且会失去自己的自制力。在尽可能的情形下，不妨对人谦让一点。"首先要承认大千世界无奇不有，什么事都可以发生，不要以自己的见识去推论一切；其次是对于一些不影响大局的非原则性问题，让对方赢得辩论，你赢得朋友。

第八章　把理财当成一种习惯，不因拮据生气

要想获取成功，就要保持一颗平心静气的心，这样才能得到财富的垂青。如果因为财务状况不佳而怨气冲天，就只会一日日消沉下去。

成功的笑脸

成功缔造笑脸，笑脸延续成功。

与成功的商人打交道，你会发现他们总是露着一副笑脸，不管生意是否做成，甚至为合约而发生不同意见，他们也总会以笑脸说出其否定的态度。有时对方发脾气，或是双方不欢而散，他们还是会客气地说声再见。要是第二天他再遇上你，仿佛没有发生过不高兴的事，他仍以笑脸相迎，问候你"早上好"。

大商人的这种隐忍和气的态度，很容易把对方吸引住。认真领会这一道理，把人与人的关系处理好，成为他们事业成功和发财致富的一种技巧。

今天的人们习惯于紧张，终日在紧张中生活，他们的面孔在不知不觉中抽紧了，显得死板，毫无生气！假如你站在戏院门口，留意观察一下那些在闲暇时到戏院看戏的人们，你会发现一个奇怪的现象。本来到娱乐场所去，心情应

该是非常轻松的，面孔是心情的镜子，心情舒坦，面孔就应该松弛，显出自然的微笑，不过，观察的结果，将会使你吃惊：在 100 人之中，至少有 85 人的面孔是绷得紧紧的。

当大家都忘记了怎么笑的时候，笑容满面的表情就显得异常可贵，有很多窗口行业提倡微笑服务，把笑容看作一种商品来经营。当人们看到飞机上的空姐或者商业银行的职员亲切地微笑时，心情就会舒展，淡化了许多因烦躁而带来的是非。其实生活中有很多事不必急匆匆地去办，效率与微笑并不冲突。

真诚的微笑体现出一个人的淳朴、坦然、宽容和信任，可以反映出一个人极高的修养和待人至诚的品质，而且非常容易被人接受，会为你赢得口碑、好感和潜在的机遇。掰着手指计算一下，这可真是一种无任何风险却有回报的"投资项目"。

享誉世界的美国希尔顿大酒店的创办者希尔顿先生，在他事业未成而感到苦恼时，母亲曾对他说："孩子，你要成功，必须找一种方法，符合以下几个条件：第一，要简单；第二，容易做；第三，要不花本钱；第四，能长期运用。"这究竟是什么方法？母亲笑而不答。希尔顿反复观察、思索，终于悟出：是微笑，只有微笑才完全符合这 4 个条件。"人不会笑莫开店。"后来他果然用微笑这把金钥匙打开了成功之门，创建了誉满全球的大酒店。在这里，微笑是形象化的哲理，是秘诀化的智慧，是照亮迷茫心智时的一缕阳光。

一个面带笑容的人和一个整天板着脸的人处世，肯定会有不同的效果。你自己放松，大家看了心里也舒服，足以避免许多无谓的冲突和猜疑。例如本来是一件很尴尬的事，往往由于当事人富有幽默感，说上几句很逗趣的话，大家哈哈一笑，事情就办成了，却并没有得罪任何人。如果一切都本着公事公办的严肃态度，那你所办的事情不但处处碰钉子，而且还会被人指责你是一个不通人情的木头人。

一家企业面向社会招聘员工，许多年轻人前去应聘，其中不乏高学历者，但他们最后都意外地败在了一个女孩手里。女孩相貌平平，经历简单，只有中专文凭，挺普通的一个人。有人不服气地向负责面试的人事部经理质问，这位经理平静地说："一个女孩子能够经常露出友善的微笑，那么即便她文化程度低一些，我也愿意聘用。但是一个硕士生或者博士生，老是板着一副面孔，他就是免费来我这里工作，我也不要。"

和蔼可亲的表情、言语会给人带来好运。一个人快乐与否并不在于你拥有什么、你是谁、你处于何种地位、你在做什么。只要你笑口常开，和善待人，就能获得别人的信任和爱戴。有许多举世瞩目的大人物，都善于以笑容来展示自己必胜的信心和独特的亲和力。英国首相丘吉尔，他的面孔时时都特别松弛，显出一种自然的微笑，特别是他在吸雪茄时更是笑容可掬。有人形容丘吉尔的笑容时这样说："丘吉尔的笑容是一种武器，使对方无法捉摸他的思想，使对手在迷茫的情况下成了他的俘虏！"

成功的人大都有一张笑脸，即便不是形之于外，那心里的微笑和坦然也会自然而然地流露出来，成为一个人表情的基调。于是我们便看到，那些成功人士往往都是一副怡然自得、心平气和的样子，很少有急躁、抱怨和忌恨的情绪，因为他们拥有可以把握自己命运的自信，有着可以纵横四海的能力，有着维系一个人尊严的必要的权力。

成功与笑脸是患难兄弟，是成功缔造了笑脸，是笑脸延续了成功，但这并不意味着没有成功就会与笑脸绝缘。成功后志得意满容易，在困境中先笑起来有些困难，但正是这种难，才形成了突破点，先笑的人，往往可以先赢。

爱情不灭，富有一生

忠诚和坚持，成就你充实而丰富的一生。

爱和幸福一样，都是看不到、摸不着，而可以亲身感受的东西。一个人能不能爱、会不会爱，取决于他是一个什么样的人。

一个人若拥有一颗富有的心就能懂得自己的拥有，并且珍惜，知道那些都是人生的财富。人的一生中，总是尊荣和坎坷相交，繁华和寂寞相伴，起起落落，也是寻常事。两个相爱的人，一旦共同许下了一个承诺，此后，无论面临一种什么样的遭遇，只要你们的爱情不灭，都应该以一种理性和信任的方式去解决它，而不是把它变成自己生活的负累。

每一个男人一生中都需要一个忠诚的"信徒"，一个即使在他处于逆境的时候，也能一心呵护、鼓励并支持他的女人。这种忠诚和坚持，对于女性的生命也是一种升华，从而成就自己充实而丰厚的一生。

1981 年 1 月 1 日，曾经做过演员的里根夫妇进入了白宫。里根很快适应了他的新职位，而南希则增添了许多苦恼，她觉得自己精疲力竭、手足无措、晕头转向，最终还是力不从心，甚至连应该干些什么她也不知道。刚开始，人们就谴责她轻浮，穿价值 1.5 万法郎一件的衣服，收藏名画、瓷器、地毯，还有她与商业表演团体的关系等。她不得不为自己辩护，但很笨拙。结婚以来，她第一次觉得和丈夫分开了。因为里根一点空闲都没有，她觉得孤独、困惑，她对要职带来的权力并不感兴趣。后来，她慢慢明白并懂得了她所代表的形象和她肩上的重担。于是，她放弃了昂贵的服饰和与文艺明星举行私人晚会的做法，转而去关心那些被遗弃的儿童或与毒品带来的灾难作斗争。

1981 年 3 月 30 日，里根遇刺，险些丧命。里根住院期间，南希不但要经常守在病榻之旁安慰丈夫，还要与他分担痛苦，以致彻夜不眠，这次难关，是对为人妻子的南希的一个严厉考验。

"刺杀总统事件"之后，里根和南希之间的爱情变得更加浓烈，他们手拉着手穿越了各种考验。此后，里根连续做了几次切除癌细胞的手术，里根每次手术都处之泰然，充满信心，妻子的微笑和温存使他深受鼓舞。后来，南希也因乳腺癌切除了一个乳房，当人们知道她要做这次可怕的手术时，她只自言自语地说了一句："这回该轮到我了！"显出满不在乎的神情。

8 年的领袖生涯，是里根夫妇的共同杰作，用一些崇拜者的话说，与其说喜爱南希或里根，不如说欣赏的是合二为一的里根夫妇整体。倘若没有里根，南希将还是个普普通通的小市民，就像里根在好莱坞和她初识的样子；如果没有南希，里根则很有可能一如很多演员一样，落得个晚景凄凉……

1989 年 1 月 20 日，8 年的领袖生涯结束后，他们离开人群，离开指责，离开非议，回到他们养老的乐园中去。在这远离摄影机、远离咨询、远离挑剔的评论家和世界重大事件的地方，里根和南希在湖上荡舟，在山谷中散步，在山野小店吃上一餐，听当地歌手演唱，重温和继续书写他们的爱情故事。

有一首歌唱道：我所知道的最浪漫的事，就是和你一起慢慢变老。歌唱得很轻松很浪漫。其实，在我们真实的一生里，是要经历许多风雨的，名人有名人的难处，凡人有凡人的烦恼。唯一可以让我们欣慰的是，种瓜者得瓜，种豆者得豆，播种了爱情与希望、支持与理解的人，总有身心得以舒展的时候。还是别让心里存在太多的疑虑和计较吧，忠实于自己的选择，是我们的最佳选择。

把眼光放长远，成功在不远处

职业看适合，单位看发展，选择看眼光。

"吃得苦中苦，方为人上人"。有的人看似一夜成名，但是仔细看看他们过去的历史，就知道他们的成功并不是偶然得来的，他们早已投入无数心血，打好坚固的基础了。

所以说，对于成功者，我们不必持有"羡慕忌妒恨"的心理，而是回过头来做好自己的职业规划，成功、富有就在不远处，但是你要一步步地接近它。

规划自己的人生和事业，眼光要放长远。人的一生会面临很多选择，正确的选择有助于人的成长，不正确的选择也许会成为今后发展的障碍。既不要盲求热门职业，也不必专门挑选知名企业。一句话，职业看适合，单位看发展，选择看眼光。

有位比较成功的私营企业家曾经讲了这样一个故事。他妹妹到澳大利亚留学时，经济条件并不是很好，澳洲的中国留学生很多，大多数人都希望一边学习一边打工减少经济压力，同时也丰富履历，方便毕业后找工作。许多人到餐馆打零工，还有些人发挥优势去教汉语等，虽然辛苦，收入也还可以。他妹妹当时也动心了，向他说明了自己也想去打零工。他告诉妹妹：如果你一定要打工，就去那些跨国知名企业找机会，哪怕没有薪水，你自己节约一点过日子好了。但一定不要去端盘子、做家教，这些工作与你未来的职业生涯没有连续性和相关性。后来他妹妹找到一家法国企业做钟点工，在商业旺季时帮忙拆信封，送信到各部门，薪水非常少，但这是一家知名企业、业内龙头。他又告诉妹妹，拆信封也要好好拆，勤快一些，同时多观察、多学习名企的工作风格和职业风范，尽可能去观察各个部门，去发现你最喜欢哪个部门的工作。不久，他妹妹由于工作积极认真，不同于其他钟点工，企业给她加薪，并改为类似于劳务工。此外，他妹妹还在另一家知名企业做钟点工，也很受欣赏。毕业的时候，几乎所有的同学都忙着投简历、面试，他妹妹却不慌不忙，因为两家名企都已经给了聘请函，而且职位不错，都是她喜欢的。为什么？企业方说了，她在这里工作这么久，一直那么积极主动、职业素质很好、工作出色，而且这么久了大家也有感情，就像老员工一样，所以，我们将按老员工给起薪。后来他妹妹选择了那家法国企业，几年后，他妹妹以中国总代表的身份回到国内，开办了中国办事处。

如果你找工作只是为了一时的工资和待遇，这是对个人资源的一种过度开发。在别人植树的时候，你已经摘了些果子，但是，别高兴得太早，到了真正的收获季节，你的树上可能已经空了。

根据职业生涯规划专家的建议，如果想在一家公司出人头地，就必须以勤奋及不辞辛劳的态度埋头苦干至少两年。如果你能忍受一时的不如意，也许能学到一生受用的专业技术，同时也可以熟悉那一行的运营方式。获得长久的发展力，远比在最初的日子能挣多少装进口袋里重要得多。

透明理财，把住家庭的命脉

透明的理财方式，才能让彼此信任。

家庭的财务就是这个家庭的命脉，许多家庭纠纷也和财务有关。也许你常常会有这样的抱怨："为了钱，我和爱人经常吵架。我一用钱他（她）就怪我不知道节约，轮到他（她）的时候，他（她）却有一大堆的理由，诸如要交际、要应酬，我都不知道自己跟他（她）还有什么共同语言。"

夫妻之间金钱观的不透明性常常使得夫妻关系出现不和谐之音，有些时候妻子告诉丈夫，家庭生活的许多方面需要花钱，希望丈夫能节省一点。丈夫却说自己要应酬朋友，希望妻子能"理解"他。而有些时候丈夫面对妻子的指责也不满，甚至有些苦恼，妻子每天对他口袋里钱的去向进行详细的盘查，而她却三天两头地买新衣服，也从来不会和自己商量。结婚后，因为丈夫的薪水比较高，所以妻子希望他能多付出一点，但是正在为事业奋斗的丈夫除了负担家庭支出，更多的财力都花费在应酬、接济亲友、投资等事情上。因为妻子管得过严，丈夫感到无法接受，他反而更加频繁地外出活动。

不透明的个人财产数目和个人消费支出总会造成家庭的种种矛盾，如果夫妻的独立账户都不是向对方公开的，彼此之间也不能够很好地沟通每笔花销的去向，那就会因此而失去夫妻之间的信任感。

如果双方能把财务公开，在各自数目较大的私人支出上经讨论后再决定，这样就可以控制各自的不良消费习惯，也能对彼此的财产做到清楚明了，并随时可以调整理财策略。

在威基塔，威廉·葛理翰油料公司是个逐渐受人重视的公司，负责人威廉·葛理翰便是主要功臣。他在还没有过 50 岁大寿之前，已经可以从油料经营和投资中赚得可观的净利，葛理翰和他的夫人玛瑞丽因此拥有许多令人羡慕的成果：6 个孩子、健康、富有、漂亮的家居、成功的事业——这一切他们仍能以未来的岁月去享受。

当有人问及他成功的最大因素时，他回答说："长期计划和协调作业。"

他们夫妇俩成家没多久之后，便开始做房地产生意，介绍房屋买卖，抽取佣金。他们除了成功的理念和埋头工作之外，无其他后援。他们的办公室设在一幢办公大楼的废弃通道末端，玛瑞丽在这里负责联络，威廉便四处拉生意。开始的时候，业务进展很慢，这对年轻的夫妇时常得精打细算，否则全家便要饿肚子。

当业务有了转机之后，他们便自己出钱买房子，再转手卖出赚一笔。然后，他们就开始自己盖房子。由于经营状况太好了，威廉觉得应该加入一些新行业，免得自己跟不上时代的步伐。

经过几次家庭协商，夫妻俩觉得石油生意更适合威廉，因为他渴望业务成长与交易的机会和挑战。这是威廉·葛理翰石油公司诞生的情形，这个公司一直是一个非常成功的实例。

当葛理翰夫妇为自己订计划和选目标时，就时常考虑到威廉所受过的训练、倾向和性情。玛瑞丽说，威廉一旦实现了一项计划，必须立刻再找到另一个挑战性的难题，避免自己失去生活的乐趣。由于有这种观念，他们建立了另一种使生活充满乐趣的方式。

葛理翰夫妇的成功是一个订下计划、实行计划、直达目标的好证明。

没有人能够不瞄准便命中成功的靶心。瞄准，即使我们会有一点偏失，但是这样至少比我们闭上眼睛盲目射击更接近靶心。

无论你的家庭是二人世界、三口之家还是四世同堂，无论你们是新婚燕尔的年轻夫妇还是已经携手走过几十年漫长婚姻旅途的老年夫妻，都会在生活中面临一个非常重要的问题——钱。经济问题是摆在家庭中每一位成员，尤其是夫妻面前的第一大问题。

两个人的生活中，即使对同一个问题也会有不同的选择，在如何用钱的问题上自然也不例外，就好像丈夫节约得连抽根烟都要捡烟头，而妻子却大手大脚买貂皮大衣一样，这样的婚姻能不出问题吗？要使婚姻关系向前发展，使财务状况好转，其他的事务也安排得井井有条，夫妻就有必要共同学习理财这门学问。

1．建立家庭基金

最好的办法是你们可以根据收入的多少，每个月都拿出一部分钱存入属于两个人的公共账户当中。为了使这个公共基金运行良好，还必须有一些两个人共同协商好的规定，这样，夫妻俩就可能有充实的基金并合理使用它，而且你对这个共同账户的重视也可以反映出你对自己婚姻关系的重视。

2．监控两个人的支出

建立一个公共账户或者使用一个财务管理软件，它将使你们很容易了解钱的去向。通常，夫妻中的一人将作为家中的财务主管，掌管家里的开销，另一个人每月核对一次家庭账目，平衡家庭的收支。另外，如果还有空余的时间，夫妻就找个机会每月坐下来谈一谈，进行一次小结，商量一些消费的调整情况，比如削减额外开支或者共同制订购买大件物品的计划等。

3．保持经济独立

许多夫妻都认为应该拥有属于自己的私人账户，由自己独立支配。这种安排可以让夫妻做自己想做的事，比如丈夫可以请朋友一起去吃饭喝酒，妻子也可以随时到商店购买自己喜欢的衣服。在花自己可以任意支配的收入时不会有仰人鼻息或受人牵制的感觉，经济独立是家庭理财很重要的环节。然而，要注意的是，你应如实记录你的消费情况，就像对其他事一样，夫妻之间应相互开诚布公。

4．别忘了购买人寿保险

随着社会的进步，尤其在经济发达的地方购买人寿保险应该会成为必然的趋势，因为这样，一旦一方发生不幸，另一方就可以有一些保障，至少在经济方面是如此。你可以投保一个险种，并对保险计划的情况进行详细了解。如果在与你的爱人结婚前，你已经购买了保险，要记着使你的爱人成为你的保险受益人。

在家庭中该如何"理财"，看起来容易做起来难，是否能够理财成功，关键是你要重视它、学习它，把它当作使你的生活变得更加美好的第一步。

第九章　把负重当成一种锤炼，不因压力生气

我们每个人都面临着巨大的生活压力和工作压力。过多、过大的压力会严重地损害我们的身心健康，很多人因为压力而生气，然而，生气并不是释放压力的好方式。没有负重的生命不是完整的生命，没有负重的人生不是圆满的人生。

压力，才是人生

我们肩上的压力越大，说明我们人生的收获就越大。

在匆忙紧张的现代社会里，我们很多时候都在负重而行，同事之间的竞争、工作上的麻烦、事业上的挫折、生活中的种种不如意等，都让我们饱受压力，害怕被淘汰，精神总显得特别紧张。

只要生活还在继续，就没有一个轻松自在的世外桃源可以让我们躲避。人生于世，不承受压力是不可能的，但是我们完全可以换一个角度看待压力，从而把压力的包袱从心里卸下来。

压力并不意味着全是坏事，我们肩上的压力越大，说明我们人生的收获就越大，因为我们从这个世界不断捡起我们想要的东西，所以我们肩上的压力

才会越来越大，如果你明白了这个道理，你还会抱怨压力吗？

有位年轻人感觉生活太沉重了，自己已经无力承受，于是他便去请教智者，让他帮助自己寻找解脱的办法。智者什么话也没说，只是让他把一个背篓背在肩上，然后指着一条沙砾路说："你每往前走一步，就捡一块石头扔进背篓，看看是什么感觉。"

过了一会儿，年轻人走到了尽头，智者问他有什么感觉，年轻人说感觉肩上的背篓越来越重。

智者说："我们每个人来到这个世上，肩上都背着一个空篓子，在人生的路上，我们每走一步，就要从这个世界上捡一样东西放进背篓，所以我们才会感到生活得越来越累。"

这时，年轻人就问智者："有什么方法可以把这种负担减轻吗？"

智者问："你愿意把工作、家庭、爱情、友谊和生活中的哪一样取出来扔掉呢？"

年轻人沉默不语，因为他觉得哪一个他都不愿意扔掉。

这时，智者微笑着说："如果你觉得生活沉重，那说明你已经拥有了全面的生活，你应该感到庆幸。假如你失去其中的任何一种，你的生活就会变得不完整，这样你愿意吗？你应该为自己不是总统而庆幸，因为他肩上的背篓比你的又大又重，但是，他可以把其中的任何一样拿出来吗？"

年轻人终于明白了生活的道理，他认真地点了点头，并且露出了开心的笑容，好像突然明白了很多道理，心里感到非常轻松。

生活中的压力是无法消除的，你越感到压力的沉重，说明你的生活越丰富，你所拥有的生命越厚重，你的人生就越有意义。背负压力，负重而行，虽然是一件很痛苦的事情,可是,不负重而行就难以体会到无负重的轻松愉快,同时,不负重而行,就不会有什么责任,也就无所谓克服困难而取得成就,自然更不可能体会到上坡之后那种如释重负的快感。没有负重的生命不是完整的生命,没有负重的人生不是圆满的人生。

当你不那么讨厌压力,不再把它当成一回事的时候,再进行自我调节就容易多了。

放松紧张情绪,根源还是在于自己的心理。对于许多脑力劳动者来说,即使他们已经把手头的工作合理分配,下班后按时回家,可头脑里却不见得一下子就可以空旷清爽起来。心理学上的"齐氏效应"告诉我们:一个人在接受一项工作时,就会产生一定的紧张心理,只有任务完成,紧张才会解除。如果任务没有完成,则紧张持续不断。比如新闻媒体的工作人员在节目播出之前的上班以外的时间里,仍然会考虑编排、制作等的情况;置身于某个攻关项目的科研人员,即使在休息的时候也不会轻松。此外,企业家、医务人员、作家等,大多都难以避免"齐氏效应"的困扰。很多时候,那些未解决的问题或尚未完成的工作,会像影子一样困扰着他们。因为脑力劳动是以大脑的积极思维为主的活动,其特点在于大脑的积极思维是持续而不间断的活动,所以紧张也往往是持续存在的。

再棘手的问题,只要摸清根源,也会找到一种简单的解决方法。对于那些陷入千头万绪的工作中的人来说,处理一些很容易就能看到成就的家务,是一种让自己放松的好方法。比如你可以进行一下房间的清扫工作、擦擦地板、冲洗一下卫生间,等等。心理学家认为:这种行为,或者其他看起来毫无意义的类似行为,能够打破持续不断的齐氏效应的循环,使得当前应激物所产生的影响分散到其他事务中。这种方式有助于将压力导向可以利用的水平,在这个水平上,人能够获得控制感,可以把不良压力转为良性压力。

紧张是因某种压力所引起的高度调动人体内部潜力以应对压力而产生的生理和心理上的应急变化。适度紧张有助于激发潜力，但如果总是过度紧张，如临大敌，总有一天你会发现，你把简单的事情变得复杂了，把复杂的事情变得更加复杂，最后到无以复加的地步。只有舒缓紧张情绪，放松自己的心灵之弦，才能在人生的路上踏歌前行。

及时排解婚姻中的压力

婚姻中永远都不能停止对情感的投资。

许多缺乏生活阅历的男人和女人，常常会有一种错误的爱情观念：他们过分关心自己的形象而忽视两人的沟通，将更多精力放在外在的修饰上，最直接、最常见的后果是忽略了婚姻生活中的情感投资，变得舍本逐末。不但给自己制造了巨大压力，也会令对方压抑和失望。

人类已进化为一夫一妻制，因此那些能有助成为长期伴侣的特质更能引发对方的感情，诸如自信、幽默、享受生命等特质均能令一个人的魅力指数提高。生活中，那些令人轻松愉快、富有亲和力的人，总是广受欢迎的。

有一个做传媒的大美女，拥有天使般的面孔、魔鬼般的身材，虽然性格偏冷，但却很好相处。喜欢她的男人一大堆，外表英俊、富有及事业有成的男人纷纷向她表示，她都不为所动，因为她有男朋友，而且她很爱那个男人。同事们都看到过她打电话给他时的样子：语气温柔，充满了依赖，自始至终都是平日很难见到的笑意盈盈。大家都很好奇，那个男人，是怎样的英俊不凡，"降伏"了公司里的大众情人？

不久，她公布了婚讯：她要结婚了，还是有很多男人不甘心，使出浑身解数想扭转乾坤，她都认真地一一拒绝，将心思都放在筹备婚礼上。大家很想见一见那位准新郎，尤其是那些钟情美女的帅哥，想知道自己输给了什么人，输在了哪里。

她洞悉了大家的心情和意图后只是笑笑，说："会见到的，婚礼那天，我的新郎会准时到场。"大家都不愿意，一起哄闹起来。于是，那位大美女当场就打电话给她的男友，约好和这些男女朋友共同吃晚饭。

见到那个男人的时候，大家都有一些失望，他衣着得体，但是相貌平平，并没有什么特别的地方。餐桌上，他对自己的女友很照顾，同时也很快和大家打成一片。没过多久他就能记住每个人的名字，称呼起来像老朋友一样随意，话不是特别多，但是一开口，总逗得大家笑声阵阵。那位大美女脸上一直都洋溢着很阳光的微笑，安静地听大家谈论，偶尔插句话却很经典，和男友的一举一动都很默契，宛若一对生活了多年的夫妻。

一顿饭吃下来，大家都开始赞同美女的选择。这样的一对，将来的生活一定也是开心的、幸福的，有此恋人，夫复何求。

男人与女人在最初相遇的时候，他会被她美丽大方的容貌所吸引，她会为他英俊潇洒的外表所迷恋，一见钟情的恋爱，常常是在这种情况下发生的。但若是长期的共同生活呢？赏心悦目的外表，毕竟代表不了酸甜苦辣的生活，人们的心常常会转向那些有血有肉、能给自己带来人生幸福感的人，而不会仅仅满足于欣赏一幅美丽的画面。

在压力中感受工作的乐趣

并不是天下所有的工作都能变成有趣的工作，但是总有办法让它们有所改善。

一个人如果不喜欢自己的工作，他就不会投入必要的时间和精力去取得成功。没有哪一个成功者认为自己的工作是非常烦人的。对于大多数成功者来说，这是一场激动人心并富有挑战性的游戏。

儿童家具专卖公司创始人格蒂文·格罗斯曼说："我本该一周在这里待上6天，但我连休息时间也不定期。很有意思，我常常回家后也工作，工作就是乐趣。"亨利·福特迷恋汽车，比尔·盖茨钟爱计算机软件。在他们的眼中，每天都有不同的风险，那是乐趣，也是刺激。

著名的金融家摩根的观念，就是决不让赚钱变成一种沉重的负担，而是让它成为一种新鲜刺激的游戏。他认为只有以这样一种游戏的心态去赚取金钱，才是最佳的赚钱心态。

摩根赚钱甚至达到痴迷的程度。他一直有一个习惯，每当黄昏的时候，他就到小报摊上买一份载有关于股市收盘信息的当地晚报回家阅读。当他的朋友都在忙着怎样娱乐的时候，他则说："有些人热衷于研究棒球或者足球的时候，我却喜欢研究怎么赚钱。"

他从来不乱花钱去做自己不喜欢的事情，他总是琢磨怎么赚钱的办法。有的人开玩笑说："摩根，你已经是亿万富翁了，感觉滋味如何？"摩根的回答让人玩味："凡是我想要的东西而又可以用钱买到的时候，我都能买到。至于其他人所梦想的东西，比如名车、名画、豪宅我都不为所动，因为我不想得到。"

他并不是一个为金钱而生活的人，他甚至不需要金钱来装饰他的生活。他喜欢的仅仅是游戏的感觉，那种一次次投入资金，又一次次地通过自己的智慧把钱赚回来的感觉，充满了风险和艰辛，但是也颇为刺激。

成功者懂得，要想成就事业，最重要的也是最基本的就是：必须100%热爱自己的工作。一个人只有懂得这一点，他才会拥有一份健康、愉快、积极向上的心态。

然而许多人面临的问题可能是："怎么可能让目前悲惨的工作变得有趣？"当然，并不是天下所有的工作都能变成有趣的工作，但是总有办法让它们有所改善。

托妮·莫里森是美国著名的黑人女作家、1993年诺贝尔文学奖获得者。在莫里森的少年时代，由于家境贫困，从12岁开始，每天放学以后，她都要到一个富人家里打几个小时的零工，十分辛苦。一天，她因工作的事向父亲发了几句牢骚。父亲听后对她说："听着，你并不在那儿生活。你生活在这儿，在家里，和你的亲人在一起。只管去干活就行了，然后拿着钱回家来。"

莫里森后来回忆说，从父亲的这番话中，她领悟到了人生的4条经验：一、无论什么样的工作都要做好，不是为了你的老板，而是为了你自己；二、把握你自己的工作，而不让工作把握你；三、你真正的生活是与你的家人在一起；四、你与你所做的工作是两回事，你该是谁就是谁。

在那之后，莫里森又为形形色色的人工作过：有的很聪明，有的很愚蠢；有的心胸宽广，有的小肚鸡肠，但她从未抱怨过。

工作占人生最大而且最重要的一部分，假如你对工作厌倦，整个人生将缺少乐趣。

因此，在任何情形之下，你都不能对工作产生厌恶，这是最糟糕的一件事。假使你为环境所迫，而只能做些乏味的工作，也应该努力设法从这乏味的工作中找出一些兴趣和意义来。要知道凡是应该做而又必须做的工作，总不可能是完全无意义的，问题全在于你对待工作的精神状态如何。拥有良好的精神状态，会使任何工作都成为有意义、有兴趣的工作。

有人觉得工作辛苦，是由于他希望尽快把工作做完，好去休息或玩乐。这种急于解除负担的心情，会使工作变得格外枯燥。

我们不可能总是找到自己喜欢的工作。只有尽量使自己喜欢目前的工作，心理上的厌烦消除之后，工作才会显得自然轻松。人们对工作厌倦，一部分原因固然是工作繁重枯燥，但也有一部分原因是由于自己对工作不能胜任，不能胜任，就不能愉快。当工作有成绩并得到赞赏时，本来枯燥的工作也就有了乐趣。

努力工作，所需的是勤劳与坚忍；努力工作而又能快乐地工作，则是一种智慧。这种智慧能使人在枯燥的工作中发现乐趣，使工作不再是一项苦役，而是一种人生创造。这样的工作态度往往能塑造出杰出的人才。

在工作中，必须树立正确的态度。无论什么样的工作都要做好，不是为了别人，而是为了你自己。要努力把握住你自己的工作，而不是让工作把握你。

让烦恼在心灵中无处生存

人要懂得改变情绪，才能改变思想和行为。

家庭生活中，有些做妻子的整天絮絮叨叨、喋喋不休，发泄自己的不满情绪，数落丈夫这也不是、那也不是。若丈夫早上起得早，便抱怨他影响了一家人的休息；若丈夫早上起得迟，又责怪他太懒散、胸无大志，让大好时光在睡梦中白白溜过。这样的唠叨声从早晨起床，一直到熄灯歇息为止。对爱唠叨的女人，即使男人再谨小慎微，即使这一天完美无缺，她们也会从鸡蛋里面挑骨头。若是丈夫不小心授之以"柄"，这就可能成为永远的话题，翻来覆去，让人叫苦不迭。

男人很难承受女人的唠叨，唠叨很可能成为他们在情感上产生隔阂的重要因素。很多喜欢唠叨的女人，并没有真正意识到唠叨对男人无形的伤害和对他们心理承受的折磨。妻子的唠叨不仅会引起丈夫的极大反感，而且生长在一个爱唠叨的母亲家里的男孩子，很容易成为软弱无能、缺乏个性的人。女人的唠叨，绝不会给男人带来活力，反而会使婚姻生活窒息而死。

王雨梅结婚不到 8 年，就完全从一只"百灵"转化为一只"麻雀"了，这其中的苦恼，王雨梅的丈夫深有感触。王雨梅的丈夫是个中学语文老师，平常爱写点小文章，往各家报纸杂志投稿。写文章，最渴望的环境当然是宁静，可是，每每他刚坐下来，王雨梅的唠叨声就不绝于耳，像只乱蛰乱爬的小蜜蜂，天天扰得他心烦意乱，文章也写不下去了。

于是他就想了一招，他知道王雨梅早上不爱早起，自己早上就偷偷地爬起来，静静穿好衣裤，蹑手蹑脚走出卧室，来到客厅，打开电脑开始写作。那是他一天中唯一宁静的时候，唯一没有唠叨乱耳的时候。他几乎每天都祈祷上帝，让王雨梅永远熟睡下去。

可是，还没等他敲完800字，隔壁就传来了王雨梅的唠叨声："天天晚睡早起，写什么惊世之作！没有你，文坛也不会散伙。"他的火气也来了，说："你能不能消停一次？能不能少说一句？我早晚要被你的唠叨声折磨死……"说着关了电脑，没吃饭就上班去了。

一个唠叨的女人，对家庭来说就是一场噩梦。试想，当疲惫的丈夫回到家里，当孩子整天面对唠叨的妈妈，这时他们最想做的，就是冲出家门。

特曼博士是一位著名的心理学家，他对1500多对夫妇做过详细的研究，结果显示，丈夫们都把唠叨、挑剔列为妻子最糟的缺点。一个唠叨的、爱抱怨的妻子，对于男人的成功是一种障碍，因为她使自己的丈夫太伤心了，以致无法专心于自己的工作。对于丈夫的健康，这种妻子也会造成一种威胁。

其实，每个人都有自己的心理空间，不顾及别人的感受，不顾及他人愿不愿意，一味地唠叨不休，如倒垃圾似的发泄自己的情绪，只会令人远远躲避。即使作为妻子，也要考虑丈夫的感受，只顾一味唠叨，自己痛快了，却把烦恼不快传染给了家人，也是不足取的。现代生活，人人奔波于繁忙的工作中，周旋于复杂的人际交往中，已身心疲惫，怎么还能忍受无休无止的唠叨呢？因此，要识别自己是否有好唠叨的毛病，然后精简自己的话语，说有意义的、有价值的话。

我们虽然无法做到心如止水，没有丝毫情绪的波澜，但我们却应学会理性地控制自己的情绪，要时常在心里提醒自己"这些小事还烦不倒我，我没必要为这些事而生气"，提醒自己不要为琐事烦恼，避免去想不如意的小事，控制好自己的情绪。

欧阳女士习惯每天愁眉苦脸、唠唠叨叨，很小的事情似乎都能令她不安、紧张。孩子的成绩不好，会令她一整天忧心，先生几句无心的话会让她黯然神伤。她说："几乎每一件事情，都会在我的心中盘踞很久，造成坏心情，影响生活和工作。"

有一天，她有个重要的会议，但是沮丧却挥之不去，看看镜子里自己的脸庞，竟然无精打采。她打了电话问朋友："我该怎么做？我的心情沮丧，我的模样憔悴，没有精神，怎么参加重要的会议？"朋友告诉她："把令你沮丧的事放下，洗把脸，把无精打采的愁容洗掉，修饰一下仪容以增强自信，想着自己就是得意快乐的人。注意！装成高兴充满自信的样子，你的心情会好起来。很快地你就会谈笑风生、笑容可掬。"她照着去做，当天晚上在电话中告诉朋友说："我成功地参加这个会议，争取到了新的计划和工作。我没想到强装信心，信心真的会来；装作好心情，坏心情自然会消失。"

驱除烦恼最好的方法，就是常常保持一种乐观的心态，要把不如意看成是暂时的、特定的、外在的因素，而不要处处只想到生活与工作的不幸。因此，人要懂得改变情绪，才能改变思想和行为。一旦思想改变，情绪会跟着改变。

而快乐的心态会使人从不良的情绪中得到松弛。快乐是从实现有意义的目的中得到的。快乐体验呈现有信心和有意义的意识状态，伴随着满意感和满足感。快乐使人对外界产生亲切感，更易于接受和接近外界，更易于与人处在和谐关系中。快乐体验还具有一种超越的自由感，使人处于轻快、活跃、主动和摆脱束缚的状态，使人享受生活乐趣。在烦恼的时候，我们只要用希望来代替失望、用得意来代替沮丧、用乐观来代替悲观、用宁静来代替烦恼、用愉快来代替烦闷就够了，那样的话，烦恼在我们的心灵中就无处生存。

收起芒刺，对生活报以微笑

你在这个世界上付出的热情越多，得到你想要的东西的可能性就越大。

能够与人融洽相处的人是一个快乐的人、一个大度的人、一个与人为善的人。相反，孤独的人常表现为独来独往、离群索居，对他人怀有厌烦、戒备和鄙视的心理；摆出一副凡事与己无关、漠不关心、自我禁锢的样子；如果与人交往，也会缺少热情和活力，显得漫不经心、敷衍了事。他们有时看上去似乎也很活跃，但常给人一种做作的感觉，仿佛有点神经质，因而别人都不愿主动与之交往，不得不与之相处时，也会有如坐针毡之感。

35岁的杨先生，到目前为止，他的人生中已经承受了很多痛苦，他的第一个妻子因生病而早早地离开了他，后来，他的第二任妻子因为和他性格不合又离婚了，他现在是单身一人。他原先家境也不错，后来做生意赔了很多钱。朋友看他可怜，就给他介绍了现在的这份工作，在一个私人企业上班。他经历的那一连串的不幸，使得他变得越来越冷漠。每天在单位里，他总是低着头，很少和同事说话；看到同事有困难，他也从不主动帮忙，即使别人开口请他帮忙，他也无动于衷，显得毫无同情心，总是找这样或那样的借口推辞；单位开会的时候，他总是找一个角落坐下，一言不发……他觉得他好像和别人生活在两个世界里，他没有办法和别人进行正常的交往，他对生活也失去了信心，他觉得活着真没意思。

我们与人交往，常常会有这样的感觉：这人一眼看去就不错，与自己很投缘，果然大家谈得很好；而与另外一些人一接触，感觉上讨厌，结果，真的格格不入。为此我们总是庆幸自己感觉灵验。其实，在与人打交道时，我们自己的待人态度会在别人对我们的态度中反射回来。如同你站在一面镜子前，你笑时，镜子里的人也笑；你皱眉，镜子里的人也皱眉；当你叫喊，镜子里的人对你也叫喊。如果你变成了一只刺猬，你认为别人还会用柔软的心来靠近你吗？

当你不喜欢别人时，相应地，别人也可能不会接纳你，因为你所发出的不友善的信息，别人一样可以感受到。你散发出怎样的信息，就会得到怎样的回报。

如果你事先就确认某人难以对付，则你很可能会用多少带有敌意的方式去接近他，在心中握紧你的拳头准备战斗。当你这样做时，你实际上就是设置了舞台让他去表演，他也就被逼扮演了你为他设计好的角色。

敏感的心和不安全感让我们对别人充满防备和敌意，我们害怕受到伤害，于是摆出一副强势的姿态，可是你的这种姿态其实是很无力的，它只能将朋友吓跑，却不能击退强敌。世界真的不像我们想象中那样可怕，围绕在你身边的大都是可爱善良的人们，如果我们用芒刺针对他们，我们就会失去可以帮我们对抗真正敌人和困难的帮手，更可能使自己腹背受敌、四面楚歌，最后很可能陷入一种可怕的绝望当中。所以，好好想想，然后收起你的芒刺，对生活报以微笑吧！

很多人都有不善于同陌生人打交道的习惯，比如，当我们赴一个规模较大的宴会的时候，大家都会有一种不约而同的想法，就是最好避免和陌生的人同席，因为和熟人同席就会有说有笑，和陌生人同席就不会有很多话说了。这种想法正是畏于交际的意识在作祟，正如走进网球场而不想练球一样可笑。

其实，所有的朋友，都是从陌生到认识，再到一步步发展成为朋友的。那么，怎样与陌生人接触、认识并成为朋友呢？很简单，那就是交谈。拿出你的热情，展现你的笑容，主动与人谈话，通过互致问候、探讨共同关心的话题等方式，自然也就说到一起去了。这样话匣子一打开，必然会你一言我一语，你作为其中的角色，乘机询问各自的情况，就此便认识了许多人，大家再进一步套近乎，从而很容易地使这些人都成为了自己的朋友。

培养、展现和分享热情，是成功学背后精神的完美表现。当你对生活投入热情时，就是更进一步表明，你已在你的周围创造出成功意识，而此成功意识无可避免地会对他人造成更好的影响。你在这个世界上付出的热情越多，得到你想要的东西的可能性就越大。

下篇

生气是一种负能量：情绪的转化密码

情绪，每天和我们如影随形，却又让我们无从把握。面对自己或他人的情绪，我们常常惶恐不安、不知所措。生气是一种负面情绪，有着极强的破坏性。生气时，学会释然，或哼一首快乐的曲子，或合闭双目，以此来转化心境，改变情绪，感受快乐的自我。

第十章　生气是一种破坏性很大的坏情绪

　　生气是一种难以控制自己的情绪，往往需要合适的方式宣泄出来。如果方式不当，对人对己都会产生很不利的影响，甚至起到破坏性的作用。了解自己的情绪，体察自己和他人的情绪，从而转化自己的负面情绪，体谅他人的坏情绪。

情绪的微心理

　　人类的四种基本情绪是：快乐、愤怒、恐惧和悲哀。

　　提起情绪，或许你会说：这一点都不神秘！喜、怒、哀、乐、忧、思、悲、恐，我们每天都被各种各样的情绪包围。但若问起究竟什么是情绪？又很少有人答得上来。人人都有情绪，有些人甚至有过刻骨铭心的情绪体验，但却无法给情绪下一个准确的定义。

　　让我们来看看下面这位朋友的日记，一起来了解什么是情绪。

　　今天早上醒来，情绪特别的低落，吃着早饭，眼圈里泪水止不住地打转，悄然间滑落，跌落在碗里。饭在嘴里，却难以下咽，昨晚你刺耳的话语还回荡在耳边。

出门前，看了一眼手机，有一条未读的短信，你的寥寥数语却又让我不知所措。昨天晚上我们的情绪都太激动，我知道我有些话伤了你，可是你何尝没有伤我。为什么我们彼此都这么敏感？

来到公司，我却没一点儿心情工作，什么也不想干。打开空间，想写些东西，最近我都是用这种方式来排遣情绪。可是还没写两句，眼泪又不争气地涌了上来。

我关掉空间，想去趟洗手间，却不小心一头扎进了男厕所，吓得我心惊肉跳。情绪坏到这种状态，还从来没有过。

从来都不认为自己是脆弱的，再难再苦再累，我都没有流泪；即使高考落败、工作受挫、理想破灭，我也没有这般难过。但，我就是受不了最亲的人的指责！

下午要出去做调研，也好，借此出去放松一下，调整调整情绪。什么时候我才能变得更简单一点、更纯粹一点、更淡然一点，但我实在是难以、难以做到啊！

这位朋友的情绪可谓是糟糕透了，从她的描述来看，她似乎很坚强，但似乎又很脆弱；她在不停地和自己对话，以此来缓解自己的情绪，她渴望调节自己的情绪，但一时又难以做到。

其实，情绪就是这样的，看似简单和习以为常，实际却非常复杂和难以捉摸。看看古人的描写就知道了，"采菊东篱下，悠然见南山。"这是欢快的情绪；"蜡烛有心还惜别，替人垂泪到天明。"这是伤感的情绪。

对同一件事情，即便是同一个人，在不同的境遇下喝酒，产生的情绪也会大相径庭，"呼儿将出换美酒，与尔同销万古愁"，是愉快的情绪；"酒入愁肠，化作相思泪"，是不愉快的情绪。

鉴于情绪的复杂性，心理学家给情绪下了这样的定义：情绪是人对客观事物态度的体验，是人的需要获得满足与否的反映。情绪是一种复杂的心理现象，是内心的感受经由身体表达出来的状态。

我国古代有喜、怒、忧、思、悲、恐、惊的七情说，美国心理学家普拉切克提出了八种基本情绪理论：悲痛、恐惧、惊奇、接受、狂喜、狂怒、警惕、憎恨，心理学家比较认同的人类的四种基本情绪是：快乐、愤怒、恐惧和悲哀。

从这几种说法来看，人类不愉快的情绪更多。就连中国的古诗词，更多的也是充满哀伤的词句，而欢快的词句却是少之又少。为什么会这样呢？这就要从情绪产生的基础来说明。

情绪产生的基础是需要，凡是能满足自己的需要或能促进这种需要得到满足的事物，便会引起我们愉快的情绪；相反，凡是不能满足这种需要或可能妨碍这种需要得到满足的事物，便会引起我们不愉快的情绪。而人性的本质是贪婪的、不易得到满足的，所以，不愉快的情绪总是那么多。

也正因为事物是复杂的，人的需要也是复杂的，而事物与人的需要的关系更复杂。所以，一件事情可以同时让人悲又让人喜，有些事情甚至能引起人们很复杂的、自相矛盾的情绪，所谓悲喜交加、百感交集、啼笑皆非，正是如此。这也从理论上说明了情绪的复杂性。

情绪还有其延伸内涵：第一，泛指感情、心情；第二，指心境，例如，他的母亲去世了，他这段时间情绪都不太好，指的就是心境；第三，指劲头，"今天工作情绪不错"，指的就是工作很有劲头；第四，指不正当或不愉快的情感，也可以称为负面情绪或者坏情绪。我们常常说人"闹情绪"，闹的多是负面情绪。

除此之外，根据情绪发生的强弱程度和持续时间长短，又可将情绪分为几种状态：心境（比较微弱但持久的情绪状态）、激情（迅速强烈地爆发但时间短暂的情绪状态）、应激（出乎意料的情况下引起的情绪状态）等几种情绪状态。

看到这里，或许有人会大发感慨：原来，我对情绪所知甚少。正因为此，我们才有必要一起来学习和探讨有关情绪的更多内容。

情绪的能量

战胜了悲观，你就变得乐观。

揭开了情绪神秘的面纱，我们对情绪有了更多的认知，接下来我们将对情绪做更深入的探寻。也许你会觉得，对情绪有个大概的了解就够了，有必要了解得这么深入吗？要回答这个问题，我们先来看一个实验。

古代学者阿维森纳，曾把一胎所生的两只小羊放在不同的环境中生活。一只小羊随羊群在草地上快乐地生活；而在另一只小羊旁边拴了一只狼，这只狼不断地攻击、威胁这只小羊，在极度的恐惧下，小羊吃不下任何东西，不久就死去了。

还有一个实验。

心理学家把一只饥饿的狗关在一个铁笼子里，笼子外面另一只狗当着它的面吃肉骨头，笼内的狗变得急躁、气愤和忌妒，在这些负面情绪状态下，笼子里的狗产生了神经症性的病态反应。

这两个实验告诉我们：负面情绪有强大的破坏性作用，长期被这种情绪困扰，会导致身心疾病的发生。情绪对动物的影响尚且如此，对头脑高度发达的人类来说，影响力可想而知。

既然负面情绪对人的身心有这么大的破坏作用，我们就必须找到合适的方法来避免负面情绪对我们的侵害。事实上，负面情绪对人的身心并非只有破坏作用，合理的负面情绪可以使人规避危险，保证自身的安全。例如，对未来恐惧，我们就不会盲目地冒险。

我们探寻情绪的目的并非只是为了了解情绪是什么，更是为了学习和掌握如何利用正面情绪、规避或释放负面情绪、化负面情绪为正能量。这才是探寻情绪的真正意义。只有掌握了更多情绪的内在规律，才能真正地实现这一目的，即让情绪为我所用，并助我们拥有一个快乐、成功的人生。

探索情绪对我们的生活具体有这样的积极意义。

1. 通过情绪可认识他人

我们说过，情绪是一种复杂的心理体现，是一个人心境、情感等的外在反映，它真实反映了一个人内心的信念与价值观。所以，通过观察一个人的情绪，我们可以对这个人有更多的了解和认知，知道如何与之相处，使彼此的关系更和谐。

2. 善于利用情绪的人，人生更容易幸福

既然情绪的作用有积极的和消极的，那我们就应该化消极为积极，让积极更积极，也就是说，让情绪为我们服务，让我们成为情绪的主人而非奴隶。

对于积极的情绪，人们只要自然地追随它的脚步，就可以对我们起到良好的促进作用；而比较有难度的，则是如何与负面情绪相处。可以这么说，人的一生就是一部同消极情绪作斗争的历史。你克服了消极情绪对你的影响，你的人生便更容易成功和幸福；反之，你若被负面情绪牵着鼻子走，那么你的结果很可能就像实验里那只小羊和小狗一样，会活得非常痛苦和失败。

3. 每一种情绪，都让我们变得更好

人生中的每一件事都是我们使人生变得更好的机会，情绪也不例外。每一种情绪都有其意义和价值，不是指引我们一个方向，就是给我们一份力量，甚至两者兼具。想想看，如果不是被人看低令你郁闷，你怎会奋发向上改变自己？如果不是被失败的痛苦折磨，你怎会化悲痛为力量，再次寻找成功的机会？如果不曾战胜过恐惧，你岂不是永远脆弱？

能战胜消极情绪的人，一定是克服了自己身上很多缺点和弱点的人，自己会因此变得更完善。战胜了悲观，你就变得乐观；战胜了愤怒，你就变得平和；战胜了恐惧，你就变得勇敢。当你身上的正面情绪越来越多，你的能量也越来越大，做事情自然就更容易成功！

打开情绪的密码箱

情绪是复杂的，并有多种表现形式。

关于情绪，不但普通人认识肤浅、概念模糊，就连很多心理学家对情绪的定义和分类都没有统一的定论。在情绪的这个箱子里，究竟收藏了多少还未被我们知晓的东西？今天就让我们一起来破解情绪的密码，打开情绪的密码箱。

童童在和妈妈看电视，电视剧里的人正在一边哭一边摔东西。童童问："妈妈，他怎么哭了，还在摔东西？"

"哦，他在发脾气，他情绪不好。"

过了一会儿，电视剧里的这个人又笑了，童童跟妈妈说："妈妈，他又笑了。"

"嗯，他情绪过去了，现在心情变好了。"

"妈妈，为什么他情绪一会儿好，一会儿不好啊？"

"情绪就是这样，有时候来得快去得也快，情绪是很短暂的。"

过了几天，童童的妈妈和爸爸吵架了，爸爸好几天都没跟妈妈说话。童童问妈妈："妈妈，为什么爸爸不和你说话？"

妈妈生气地说："哼！你爸爸在和妈妈闹情绪。"

"妈妈，为什么哭是闹情绪，笑是闹情绪，不说话也是闹情绪呢？"童童弄不明白了。

"嗯，情绪就是这样，有很多种表现，是很复杂的。你慢慢就知道了。"

的确，情绪是复杂的，并有多种表现形式。这一点，通过情绪的定义我们就可以得知：情绪是一种复杂的心理现象，是内心的感受经由身体表达出来的状态。我们来拆分这个定义：首先，情绪是一种情感体验；其次，情绪有其外在表现形式；再次，情绪的这种表现形式有它独有的特点。

既然情绪是一种心理现象和情感体验，那么情绪与心理、情感、心态、感觉等是分不开的，但同时又有区别。情感、心态等与人的社会性需要相联系，具有稳定性、持久性、隐藏性，不一定有明显的外部表现；情绪与人的自然性需要相联系，具有情景性、暂时性、短促性，有明显的外部表现。情感的产生伴随着情绪反应，而情绪的变化也受情感的控制。情感、心态等决定情绪，情绪是情感、心态的外在表现。

情绪的外部表现形式有哪些呢？这个问题当代心理学家已达成了初步的共识。

第一，主观感受。没有感受就不可能有情绪，当客观事物满足或者不能满足人们的需要时，人们就会产生正面或者负面的情绪。

第二，表情变化。我们从何得知某人有了情绪，看他的表情就知道了。表情变化又分为面部表情、姿态表情和声音表情。例如，快乐时，会眉开眼笑；愤怒时，会怒目圆睁；悲伤时，会痛哭流涕；烦躁时，会坐立不安；生气时，会怒吼；失望时，会深深地叹息。

第三，生理变化。伴随着主观感受和表情变化，生理也在发生着变化。如满意、愉快时心跳正常；而恐惧或暴怒时，心跳加速，血压升高，呼吸加快等。同时自主神经系统和分泌系统都在发生着变化。

第四，行为冲动。情绪的变化会引发一系列的行为：感到快乐幸福时，会不由自主地拥抱他人，所做的一切行为和事情也能给他人带来快乐。而负面情绪来临时则会拍桌子、摔东西、打人等，在过激的情况下，还会发生犯罪行为。

根据以上的种种，我们可以总结出情绪的诸多特点。

第一，情绪无所谓对错。情绪本身没有对错，只有当人无法驾驭情绪的时候，才会出现错误的情绪——坏情绪。

第二，情绪的短暂性。与情感和心态比起来，情绪具有短暂性，即受到外部的刺激，会在瞬间爆发。

第三，情绪具有夸大性。人们常常会表现出与事实有距离的情绪，特别是负面情绪，为了表达自己的不满，引起他人的重视，我们常常会夸大其词，放大自己的感受。

情绪就像潮汐，时起时伏

了解他人的情绪周期，会帮助我们更好地理解他人。

大海有潮汐，月亮有盈亏，一年有四季轮回，人的情绪也有周期。所谓"情绪周期"，是指一个人在情绪激昂和低落的交替过程所经历的时间，它反映了人们情绪的周期性张弛规律。

科学研究表明，人的情绪周期一般为 28 天，每个周期的前一半时间为"高潮期"。在这个时期，人们会表现出强烈的生命活力，待人和善，感情充沛，做事认真，容易听取别人的意见，常常会感觉心旷神怡。

后一半时间则为"低潮期"，处于情绪周期的低潮，则容易焦躁和发脾气，易产生抵抗情绪，喜怒无常，常常会感到孤独与失落。高低潮之间为"临界期"，临界期的情绪很不稳定。

小杨发现，自己的老公这几天不知道怎么了，每天也不怎么说话，对自己好像也很冷淡，总是躲在一旁看书、上网。有时小杨忍不住去接近他，老公就很不耐烦地对他说："一边去。"

小杨感到莫名其妙，跟自己的朋友抱怨说："我丈夫哪里都好，就是有时候会无缘无故发脾气。奇怪的是每到月底基本上都会这样，也不知道是怎么回事？"

　　小杨之所以会有这样的抱怨，是因为她不知道人有情绪周期。小杨老公的表现，正是男性的情绪周期处于低潮期的一种表现。

　　也许你会问，我怎么知道我的情绪周期是哪些天呢？我在情绪周期内有什么样的情绪变化呢？其实，这些我们都可以测试出来。

　　我们来做这样一个实验：任选一年中的某个月，纵列为日期，横排为不同的情绪指数，包括兴高采烈、愉悦快乐、感觉不错、平平常常、感觉欠佳、伤心难过、焦虑沮丧。每天晚上想一想我今天是什么情绪，并在相应的一栏打钩。

　　下个月后再做同样的实验，你会发现，在每个月的某几天，你的情绪基本一致。这就是你的情绪规律。

　　那么，测试自己的情绪周期有什么意义呢？这是为了便于控制你的情绪和了解他人的情绪。哪几天是你的情绪高潮期，你就要小心不要过于兴奋，不要轻易许诺，凡事三思而后行；哪几天是你的情绪低潮期，你就要给自己一些心理暗示：不要发脾气，不要冲动，不要太失落，相信一切都会好起来。

　　而了解他人的情绪周期，会帮助我们更好地理解他人。当他人对我们发脾气的时候，我们就会这样对自己说："不用和他生气，他只不过是处于情绪低潮期而已。"

　　情绪周期是我们情绪的晴雨表，我们可以据此安排自己的工作：情绪高涨的时候，可以安排一些难度大、较烦琐的工作；而在情绪低落时，要多出去散散心，参加一些娱乐活动，多和朋友聊聊天，以寻求心理上的支持，从而安全地度过情绪低潮期。

　　在遇到低潮期和临界期时，我们要提高警惕，运用意志力加强自我控制，也可以把自己的情绪周期告知最亲密的人，一方面能让他们鼓励你，帮助你克服不良情绪，另一方面也避免不良情绪给你们之间带来不愉快。

下面我们来了解一下男人的情绪周期和女人的情绪周期。

1. 男性的情绪周期

很多人觉得，男人好像没什么情绪，其实，这是因为男人的情绪比较隐蔽。如果你留心观察身边的男士，你会发现他们总是在某段时间心情烦闷，这就是到了他们心理上呈周期性的"情绪低潮"现象，这是由人的生物属性决定的。

如果你不了解身边男士的这一特点，就会在这个时候觉得很委屈：我又没有惹你，你为什么要冲我发火？其实，这个时候你应该理解和关心他，帮他疏导不好的情绪，而不是给他施加压力。

2. 女性的情绪周期

女性的情绪周期，是随着女性的生理周期一起变化的。所以，女性朋友在自己的生理周期来临的时候，就要提醒自己不要轻易忧郁、焦躁不安、发脾气，这样，就可以帮助自己舒缓情绪，冷静平和下来，比较平稳地度过这几天。

除了了解自己的情绪周期，还要尝试去了解亲友、同事、客户的情绪周期，这会对你的生活和工作有很大的帮助。例如，你和一个客户谈业务，客户可能表现得很没兴趣，这个时候千万别放弃，等过几天再去找他，对方也许就会变得开心起来，就会极有兴趣地听你的建议。

表情是表达情绪的窗口

一个细微的动作总能暴露一个人的情绪。

情绪还有表情？当然！不然，我们从哪里解读一个人的喜怒哀乐？我们不可能进入他人的内心，只能通过听其言、观其行，看其面部表情来窥探他人的心理变化。

同样一句话或一种行为，配以不同的情绪表情，表达的就是不同的情绪。例如，你把一本书轻轻地放在桌子上，表达的是平静的情绪；而把这本书重重地摔在桌上，表达的就是生气的情绪。

所谓的"言外之意"、"弦外之音"若没有情绪表情的辅助，我们根本无法识别。所以，表情比言语更能显示情绪的真实性。而很多时候，一个人不经意的动作就暴露了他的情绪。

陈辉越来越佩服他老婆了，因为老婆就像他肚子里的蛔虫，他的任何想法都逃不过老婆的眼睛。

周末，陈辉想和一帮老同学聚一聚，但怕老婆不让他去，就打电话告诉老婆说他晚上要加班，可能回家会很晚。老婆没有多问什么，只是叮嘱他不要太累了。

这天晚上，陈辉和老同学玩得非常尽兴。为了回去好交代，陈辉忍着没喝一滴酒。晚上 11 点多钟，陈辉十分仔细地检查了全身，保证没留下任何蛛丝马迹，这才悄悄走进家门。

老婆看到他回来，关切地问："累不累啊，吃过饭了吗?"

陈辉故作镇静地说："好累啊，我不想吃饭，只想马上睡觉……"

"哦，那在睡觉前是不是得先交代今天晚上去哪儿了?"妻子看着他问道。

"我……没有去哪儿啊，我就是在……加班啊。"陈辉慌慌张张地想掩饰。

"那好吧，我明天打电话到你们单位问问吧!"

陈辉一看这样，只好老实交代了，但他疑惑地问："你怎么知道我没加班呢?"

妻子微微一笑，说："我一看你摸鼻子，就知道你心虚、紧张，肯定是在说谎。"

一个细微的动作暴露了陈辉的情绪，这就是情绪表情的作用。情绪若没有表情，我们根本无从得知对方有没有情绪，了解他人也就少了一个很重要的途径。而情绪的表情是非常复杂的，很多人都不了解情绪的表情，因而也无法识别他人的情绪，那么在和他人交往中就会出现障碍。

所以，了解情绪的各种表情就变得尤为重要。情绪的表情可以分为以下三种。

1. 语调表情

语调表情是指通过说话的声调和节奏变化来表达情绪，如语音的高低、强弱、快慢等。例如，人们惊恐时尖叫;悲哀时声调低沉，节奏缓慢;气愤时声高，节奏变快;爱慕时语调柔软且有节奏。

语言是我们每天都要使用的交流工具，我们在发出声音的同时会掺入自己的感情，即便有时强力伪装，也仍然会把自己的内心世界悄悄地暴露给别人。所以我们在观察他人时，可以通过对方说话的语调，来推测对方是激动、开心，还是恐惧、悲哀。

2. 面部表情

面部表情很容易理解，因为我们每天都在使用。如眉开眼笑、怒目而视、愁眉苦脸、面红耳赤、泪流满面等。面部表情是人类情绪表达的基本方式，同一种面部表情会被不同文化背景下的人们共同承认和使用，以表达相同的情绪体验。如快乐、惊讶、生气、厌恶、害怕、悲伤和轻视，全世界的人都能精确辨认这七种基本的情绪表情。

3. 身体表情

身体表情是由人的身体姿态、动作变化来表达情绪。如高兴时手舞足蹈，悲痛时捶胸顿足，成功时趾高气扬，失败时垂头丧气，紧张时坐立不安，献媚时卑躬屈膝等。

手势表情也属于身体表情的一种，对此，弗洛伊德曾有过这样的描述："凡人皆无法隐瞒私情，尽管他的嘴可以保持缄默，但他的手指却会多嘴多舌。"一个动作竟然会暴露人的情绪，真有些不可思议。

美国科学家发现：当人撒谎时，紧张情绪会使鼻腔细胞组织充血，鼻子便会随之变大，虽然并不明显，但撒谎者会因轻微的瘙痒不自觉地去摸自己的鼻子。这就是陈辉为什么会被老婆识破自己在撒谎的秘密所在。

在日常生活中，不同的身体表情表达着不同的情绪：指手画脚的人，一般情绪容易冲动；喜欢把手指关节弄得"啪啪"响的人，内心充满对未来事物的恐惧情绪；喜欢抓头发的人，此时情绪正处于不稳定状态；而用手掩嘴，则表示情绪比较低落。

情绪的表情是如此多样、复杂和神秘，也正说明了情绪的复杂性。而我们通过情绪表情来表达我们内心的情绪，使我们更容易被别人了解，同时又能很快地识别他人的情绪。

坏情绪会让你的生活一团糟

情绪若得不到合理地释放和宣泄，就会对生活带来可怕的后果。

从情绪的表现形式来看，它会影响我们的身心和行为乃至整个生活，"心宽体胖"说的正是这正面的情绪，会给我们带来积极的影响。当然，负面情绪也会给我们带来极大的冲击，"衣带渐宽终不悔，为伊消得人憔悴。"为了思念一个人，人变得越来越瘦，越来越憔悴，"曾经沧海难为水，除却巫山不是云。"往事让人久久难以释怀，给人的一生都带来莫名的伤痛。

尤其身处这个复杂多变的现代社会，我们更容易陷入某种坏情绪中无法自拔。

24 岁的沈冰工作刚刚两年，正值青春年华，可她并没有觉得自己的生活多么有意思。相反，她觉得自己的生活是沉闷的、单调的、灰色的。

为什么会这样呢？沈冰原是个富有理想的人，本以为寒窗苦读多年，终于可以到社会上一展拳脚，实现自己的抱负和价值。但没想到现实不是她想象中的"乌托邦"，期望中的"白领"生活不过是一个公司的文员而已，每天干着琐碎的工作，应付着不喜欢的人和事，挤着闷罐子似的"公交车"，领着微薄的薪水。

她想跳槽，想改变，却发现自己的能力远远没有自己想象得那么高，而竞争远远比她想象的激烈。她成了一只困兽，想挣脱笼子的束缚，却又软弱无力。于是，她变得消沉、迷茫。对工作她随便应付，同事和朋友她也不愿过多地交往，对自己也没有过多的要求，天天得过且过，随波逐流。

昔日的同学见到她都说："那个总是踌躇满志、神采奕奕的沈冰哪里去了？"她也在问自己："我还要在这种情绪中沉沦多久？"

情绪没有对错，一时的坏情绪也不可怕，但情绪若得不到合理地释放和宣泄，就会像沈冰那样陷入情绪的泥沼里无法自拔。这些坏情绪一旦累积起来，就会积郁成疾，给自己的身心和生活带来可怕的后果。

历史上就有两个名人是被自己的坏情绪折磨致死的：周瑜是因为忌妒诸葛亮的才华，而被诸葛亮"气"死；林黛玉是因自己的性格所致，抑郁、纠结而死。他们本是才华横溢之人，却被情绪毁了自己的生活。

具体而言，负面情绪对我们的影响具体可以有以下几个方面。

1. 坏情绪影响我们的人际关系

情绪不好的时候，我们自然就会流露出不好的表情、肢体动作、语言和行为。然而，没有谁愿意无条件地承受你这些不好的情绪，久而久之，别人必然会远离你，拒绝和你相处。那么，你的朋友会越来越少，人际关系会越来越恶劣。

2. 坏情绪影响我们的工作状态

我们在情绪不好的状态下工作，不是漏洞百出就是敷衍了事，甚至根本就无法工作。因此，我们自然要受到上司的责备，这又会引起新的坏情绪。所以，坏情绪若得不到及时的调整，就会引起连锁反应，导致情绪越来越坏，无法收拾。

3. 坏情绪带走了我们的快乐和幸福

坏情绪所带来最可怕的结果就是：夺走我们的快乐和幸福。就如我们上面举的一些活生生的案例来说，无论你是未走向社会的学生，还是初入职场的年轻人，或是生活经验丰富、取得一定人生成就的人，都有可能败给"坏情绪"这一人生"杀手"。因此，不善于调节情绪的人，无论你多么优秀、多么有才华、多么成功，都不可能把握人生的快乐和幸福。

4. 坏情绪让我们的人生变成灰色

有些纠结于坏情绪的人，他们也不快乐和不幸福，但表面上似乎看不出来。这种人奉行"好死不如赖活着"的观念，他们不会因为坏情绪做出多么极端的事情，但他们活得很消极、被动，他们"做一天和尚撞一天钟"，没有理想和追求。这类人看似活得很"好"，其实不过是行尸走肉。他们的人生是灰色的、不精彩、没有质量、没有意义。

坏情绪给我们的生活带来了如此多的弊端，所以，我们要通过不断地学习和探索，找到转换坏情绪的解决之道！

情绪失控就会方寸大乱

失控的情绪，伤人伤己。

　　情绪，是指人们本身需要和客观事物之间短暂而强烈的身心体验。它是一种主观的感受、生理的反应、认知的互动，并表现出一些特定行为。同时，也是一种对人生成功活动具有显著影响的非智力潜能素质。美国密歇根大学心理学家南迪·内森的一项研究发现，一般人的一生平均有 3/10 的时间处于情绪不佳的状态，因此，人们常常需要与那些消极的情绪作斗争。

　　情绪是可以管理的，通过对自身情绪的认识、协调、引导和控制，可以充分挖掘我们的情绪智商，培养驾驭情绪的能力，从而确保良好的情绪状态。

　　有时，生理可以决定情绪，而情绪也会反作用于生理。《黄帝内经》中说，人有七情六欲，喜伤心，怒伤肝，忧伤肺，思伤脾，恐伤肾。可见，情绪反应是人们正常行为的一方面，但用情过度却会伤害身体。往往，人们在情绪失控时，肌肉紧张，尤其是上臂的肌肉，常常自然而然地攥紧拳头。边缘血管扩张，从而使得颜面涨红发热，手掌皮肤温度也随之增高。同时，呼吸加速，心跳加快，血压升高。如此，经常情绪失控，则对人的心脏、心脑血管都有极大的影响。

　　诚然，很少有人生来就能控制情绪。但情绪失控的危害更多的是在于心理，伤己伤人，且无法复原。

从前，有一个非常任性的男孩，只要稍不如意，就冲别人乱发脾气。

一天，他的父亲给了他一袋钉子，并交代说："你每次发脾气时，就钉一颗钉子在后院的围墙上。"

第一天，这个男孩发了37次脾气，所以他钉下了37颗钉子。但是每一颗钉子在钉入墙壁时，男孩都几乎使尽浑身力量。

慢慢地，男孩发现控制自己的脾气要比钉下一颗钉子更容易些。所以，他每天发脾气的次数就一点一点地减少了。靠着这个方法，终于有一天，这个男孩能够控制自己的情绪，不再乱发脾气了。

父亲表扬了男孩，但继续往下说道："从现在起，每次你忍住不发脾气的时候，就拔出一颗钉子。"

于是，又过了很久，男孩终于将墙上所有的钉子都拔了出来。可想而知，拔的时候仍然很费劲。

这时，父亲拉着他的手，来到后院的围墙前，说："孩子，你做得很好。但是看看现在这面布满小洞的围墙吧，它再也不可能恢复到以前的样子了。这就如同你生气时说过的伤害别人的话，也会像钉子一样在对方心里留下伤口。不管事后你说了多少对不起，那些伤痕都会永远存在。"

所以，我们应该学着去对情绪进行管理。在遇到较强的刺激时，首先采取"缓兵之计"，强迫自己冷静下来，迅速分析一下事情的前因后果，再采取行动，尽量不要让自己陷入冲动鲁莽、缺乏理智的被动局面中。

成功者控制自己的情绪，失败者被自己的情绪所控制。

成功之人，都是能够突破更多心理障碍的人。我们可以将注意力转移到愉快而乐观的方面；也可以分散烦恼，再将其各个击破；或者，弱化所遇到的刺激，体谅无礼之人，从而获得解脱、抵消，甚至升华，将强烈的情绪冲动引导到积极、有益的方向上去，使之具有建设性的意义和价值。

树欲静而风不止，真正的自由表现在：树根的坚定，树干的力度和树枝的自如，三者和谐统一。随着对情绪的有效管理和利用，人就会越来越自由，越来越潇洒。

第十一章　生气有代价，失控的情绪伤人伤己

每个人都会生气，都有情绪难以控制的时候。失控的情绪伤人伤己，不仅解决不了根本问题，还会加剧事态的恶性发展。怒火中烧，最后往往伤到的是自己，到时就悔之晚矣了。克制怒气，做到怒中有静，这是一种涵养和智慧。

与自己的情绪"对话"

我们要了解自己的情绪，才能调控它。

为什么在产生情绪时，我们会产生相应的应激反应？为什么有人面对负面情绪，却能爆发出正能量？为什么有人天天情绪高昂，有人天天失落？为什么不同情绪撞击在一起，会产生那么可怕的后果？

究竟为什么我们会对情绪有这么多的困惑？答案很简单：我们对情绪的认知太少，所以对情绪无法捉摸。我们要耐下心来，好好去体会自己的心情，了解自己的情绪。

小璐这几天一直不太开心，她也不知道这是为什么。她静静地坐在床上，

回想这几天发生的事情，想起一位同学借了自己一本书，好几个月了还不还，自己催过一次，但是他还是没有还。原来，自己是为这件事生气。

可是小璐又有点不愿意承认自己生气，因为这说明自己太小气，不就是一本书吗？但是自己确实很生气，这是事实，于是她又对自己说："这也是人之常情，没有什么不好承认的。明天我就去跟他说，我很生气，让他赶快还我的书。"

这时候，她又想到：为什么我这么容易为一些小事烦恼，而有的人天天神采奕奕？情绪究竟是个什么东西，让人这么难以把握？

小璐通过静静地思索，慢慢地去了解自己的情绪。

其实，每一个人都可以这样。要想更好地了解自己的情绪，有时需要一个安静的环境，"聆听"自己的情绪，深入自己的内心，感受此刻的自己是内疚还是怨恨？是害怕还是哀伤？想一想为什么自己的心情总是忧郁，自己的天空为什么总是灰色？

如果你一时理不清自己的情绪，那么不妨和自己的情绪"对话"，问自己几个问题：我现在的感受是什么？是什么人或事让我有这样的感受？为什么会有这样的感受？我应该有这样的情绪吗？通过这样的问话，来觉察自己的情绪。

情绪是复杂的，它有很多表现形式和各种似是而非的形象，有时像这种东西，有时又像那种东西，这些都会妨碍我们了解自己的情绪。因此，我们必须揭开情绪这些似是而非的面纱，才能更好地认识情绪，了解自己的情绪。

下面，我们就来揭开这些情绪的面纱，来看看我们的情绪像什么，这样才能更好地了解自己的情绪。

1. 情绪像"保安系统"

情绪像"保安系统"，一旦我们的身心受到威胁时，这个"保安系统"就会发挥作用，发出相应的警报信号。这样，我们就可以及时地采取适当的应对措施保护自己以免受"伤"。

例如，遇到危险的情况时，我们就会产生恐惧的情绪，这种情绪迫使我们采取躲避或者抵抗的行为；如果有人伤害我们的自尊，我们心里一定先是郁闷，而后转为愤怒，这就提醒我们必须寻求纾解；当我们做错了事的时候，内心会内疚和自责，这些情绪又会驱使我们纠正自己的行为，为自己的错误做出补偿。

当然，这个"保安系统"有时候也会失灵，会反应过激，微小的刺激便警报大鸣，也可能对危险和过失逐渐麻木，从而失去反应。所以，我们不能完全依靠这个保安系统，而是应该经常进行自我反省，校正自己的价值观，这样才能够保持这个"保安系统"的正常运作。

2. 情绪像"发电机"

情绪就好比"发电机"，它能源源不断地制造能量来推动人的各种活动，令我们时刻保持积极上进，并对社会有所贡献。例如，勇敢、自信、愉快、感激、同情、安稳、关怀和被爱等正面情绪正像是一台"发电机"，源源不断地给我们输送能量。

当然，各种各样的负面情绪却会消耗我们的能量，但如果这些负面情绪不过量，也有其积极的意义。因为我们在经受痛苦的同时，获得了探索以及成长的机会，这也是一种正能量。

3. 情绪像一块彩色的毯子

情绪像是一块彩色的毯子，不过，这块毯子是什么颜色，全看你自己热爱哪种色彩。假如你用灰黑色的毛线织，你织出的毯子就会灰暗无光；如果你只用白色，毯子就会是一片单调的空白；如果你善于运用各种颜色，你就能织成色彩斑斓的彩毯。

这个意思就是说：你有什么样的情绪，你的人生就是什么颜色。

4. 情绪是"化学作用"

情绪就像有"化学作用"一样，一个人内心的各种情绪交织在一起，会产生令人意想不到的效果。在和他人的交往中，彼此的情绪交融、撞击，也会产生化学作用。

了解了自己的情绪，你不妨对照一下自己的情绪像什么。在我们的生命中，情绪一直伴随在我们左右。所以，我们必须了解自己的情绪，才能妥善地调控自己的情绪。调控好了自己的情绪，这些经历会为我们的生命增添色彩，成为美好的享受；反之，则可能成为我们的负担，甚至损耗我们的生命。

情绪就像易拉罐，一拉就爆

"未解决"就如空气一样，令我们无法逃避。

现代人压力大、负面情绪多，老人、学生、家庭主妇、职场人士谁没有压力，谁没有情绪？在这其中，职场人的压力最大，情绪状态最不稳定。工作、经济、情感、家庭、社交，压力从四面八方袭来。尤其是大部分的职场人，上有老，下有小，面对的状况是一生中最为复杂的，压力之大可想而知。

几年前，网络上有一段视频广为传播。

在香港的一辆公交巴士上，一位阿叔在打电话，坐在他后面的一位男青年嫌其嗓门太大，便轻拍了一下他的肩膀，示意他小点声。

没想到这个小小的动作，惹得这位阿叔暴跳如雷："你为什么拍我肩膀？我在讲电话。我有压力，你也有压力，你为什么要挑衅我？"

男青年一头雾水："你想我怎样？"

阿叔："我想你怎样？你跟我道歉！"

青年："哦，不好意思。"

阿叔："为什么不好意思啊！是我对还是你对？今天必须解决问题！"

男青年："问题已经解决了。"

阿叔："未解决！"

男青年："解决了。"

阿叔："未解决!!"

虽然男青年一再忍耐，但这位阿叔还是不断地痛斥、奚落和辱骂。

这段视频被网友争相传播，尤其是"巴士阿叔"的那两句话："你有压力，我也有压力。""未解决!"更是引起了网友们强烈的共鸣和热烈的讨论，它折射出了现代人生活中真实的一面：早上的公车上，超市长长的付款队伍中，汽车你刮我碰的公路上，都会听到类似的争论和吵骂声。

"巴士阿叔"正是用他强悍的语言暴力来掩饰内心的脆弱和不安——经记者调查，"巴士阿叔"正处于失业中，当时在公车上，他正在和心理咨询师打电话。

其实，在职场人士的内心深处，自己何尝不是"巴士阿叔"，何尝不是常常面对着众多压力和一大堆未解决的问题。在高速运转的现代化都市里，职场人的内心都有一个声音在催促自己："快点，快点，再快点!"否则，你就会失去机遇，就会落于人后。不管你是老板还是打工仔，无论你高薪还是低酬，除了物质生存上的未解决，还有情感、心理上的未解决……

"未解决"就如空气一样，令我们无法逃避。我们的情绪就像是一个易拉罐，只要谁在不当的时候"拍一下我们的肩头"，这个易拉罐就会立刻启动爆炸。

那么，职场人这种易燃易爆的情绪究竟来自于哪里？我们一起来看一看。

1. 生存危机

生存危机，这是职场人面对的最大压力。毕业了，能不能找到工作；工作了，能不能有好的发展；能力优秀者，忧虑能不能得到提升；能力一般者，担心会不会被"炒鱿鱼"；所有这些人，都担心自己的晚年生活有没有保障。

中国人的"生存危机意识"是有史以来最强的，这些生存危机迫使我们不停地考证、不停地充电、不停地加班、不停地应酬，唯恐不这样就会被淘汰。事实上也正是如此，优秀者每天忙得像陀螺，平庸者则感觉成了城市的"边缘人"。

无论你是"高产"、"中产"或者"无产"，都有巨大的压力。在这种巨大的压力下，每个人的情绪都会随时"崩盘"！

2. 未解决的问题

职场中人，每天都有无数未解决的大问题和小问题。大问题：工作待遇低、不稳定，想换个新工作还没找到；没有好工作、没有房子，老婆还没着落；母亲重病，手术费还没凑齐；孩子的学习成绩每况愈下，令人头疼。这些未解决的大问题压得人喘不过气来。

除了这些大问题，还有诸多未解决的小问题令自己烦恼：这个月没有完成公司下达的任务目标；和同事闹了点摩擦，矛盾还没解决；答应陪妻子和孩子一起出去旅游，还没兑现承诺；网上下了一部好看的电影，还没时间看；一大盆脏衣服，都没时间洗……

所有这些未解决的大问题和小问题累积起来，我们的心灵真的是不堪重负，怎么可能没有压力和情绪？

3. 对压力和问题没有合理的认知以及有效的解决办法

诸多压力和未解决的问题使职场人的情绪时时处于"临界点"，但我们的情绪就是来自于这些问题本身吗？当然不是这么简单！我们的情绪来自于对这些问题不够恰当的认知，以及没有找到有效的缓解情绪的办法。

例如，对自己的工作不满意，一时又找不到新工作，与其烦恼忧虑，不如好好审视自己的能力，给自己重新定位，安下心来，做好现在的工作，厚积薄发，等待机会；好久没有陪家人了，与其内心愧疚，不如这个周末彻底放下手头的工作，把时间留给爱人和孩子。

当你改变了对事情的认知，以及付出行动去改变令你情绪不好的事情，你心中的乌云便会渐渐散去，舒适的微风就会慢慢吹来。

坏情绪是会传染的

解决情绪困扰，坏情绪才不会蔓延。

早上，同事们都来上班了，一个个脸上挂着微笑，打着招呼，"你好！你好！"快乐的问候声此起彼伏，愉快的一天眼看就要开始。这时进来最后一位同事，脸拉得长长的，嘴里嚷着："真烦！"然后使劲一拉凳子，往位置上一坐，再也不理身边任何一个人。于是，办公室刚刚酝酿起来的一团和气，似乎一下子碰上了冷空气，瞬间凝成了乌云。刚刚还快乐无比的同事们，情绪立刻低落下来，不再说笑，各自坐下埋头自己的工作。

这些无辜的同事们的坏情绪是怎么来的？很明显，是被最后进来的那位同事传染的。的确，坏情绪就像一种病毒，是会互相"传染"的。如果在一群人当中，有一个人怒气冲冲、闷闷不乐，那么其他人也会"一人向隅，举座不欢"。

一个老板因为工作心情很不好，于是在办公室里朝自己的一名员工发脾气，责怪他工作不努力。这位员工无故被错怪，窝了一肚子火，却又没地方发泄。他闷闷不乐地回到家，刚好饭菜端上桌，他尝了一口就大声斥责妻子做的饭太难吃。妻子感到莫名其妙，心里想："平时都是这么做的，你也没说难吃。"于是觉得很委屈。

这时，刚好儿子回来了，妻子没好气地斥责儿子："为什么回来这么晚?"儿子其实跟平时回来的时间一样,被冤枉了一回,心里很不舒服,出门看到别人家的小狗在叫,狠狠踢了小狗一脚。

妻子很生气,想指责儿子,可孩子已经跑远。于是,她便把气撒在了丈夫身上,无中生有地数落起了丈夫。结果,两个人就吵了起来。

妻子是个教师,第二天,她还没有缓过情绪,就把班里的两个学生训了一顿。两个孩子挨了骂,心情很不好,路过报刊亭,哗啦哗啦地大声翻杂志。卖报刊的老板娘制止他们,两个学生反而使劲把刊物摔在摊子上。卖报刊的女人揪住学生不依不饶、大吵大闹,引得众人围观,好不热闹……

在这个故事里,除了老板,每一个人的情绪都是被他人传染的。一个人的坏情绪竟然被扩大了十几倍,可见坏情绪的传染性是巨大的。而这样的坏情绪又会直接影响或是波及到你的家人、朋友和同事,也极有可能造成一系列的连锁反应。就像扔进平静湖面的小石头,涟漪一波一波地扩散,也就将情绪污染传播给了社会。

就算是一个心情舒畅、开朗的人,整日同一个愁眉苦脸、抑郁难解的人相处,不久也会变得情绪沮丧起来。一个人的敏感性和同情心越强,越容易感染上坏情绪,这种传染过程是在不知不觉中完成的。美国一位心理学教授的研究证明,只要20分钟,一个人就可以受到他人低落情绪的传染。

由此可见,坏情绪不仅来自于不合理的认知和不健康的心态,也来自他人的传染。那么我们应该怎样做才能避免自己的情绪受到他人的传染,才能让他人的坏情绪到了自己这里就"戛然而止",不再无休止地传染给他人呢?来看下面几条建议。

1. 远离坏情绪传染源

现代心理学告诉人们,在两个时间,人的情绪容易被传染:一是早晨就餐前,二是晚上就寝前。所以,如果在这两个时间发现自己身边有情绪不好的人,就尽快离开他们,避免自己的情绪受到他们的传染。其他时间若发现身边有情绪不好的人,若不想被他们传染,自己也要及时离开他们。

2. 理解并接受对方的情绪

当我们看到一个人有了坏情绪时,不要轻易地责怪他,不要觉得"我又没有得罪你,干吗无缘无故地冲我发火?"应该学会理解对方,"他的情绪很可能也是被他人传染的,他也是受害者;为什么他的情绪这么坏,究竟发生了什么事情?"学会理解对方,自己的心态就是平和的,就不那么容易被对方的坏情绪所传染。

然后,我们要从心里接受对方的情绪,"他心情不好,就让他发泄发泄吧。"坦然地接受对方的坏情绪,自己的内心就不会变得暴躁,对方的坏情绪自然不会那么容易传染到我们身上。

3. 引导对方说出他的情绪来源

要让对方的坏情绪不再传染给他人,我们还需引导对方说出他的情绪来源,尽量分担对方的坏情绪,帮对方走出坏情绪的困扰。

例如,我们可以引导对方说出他的感受:"什么事情让你这么生气?能和我说说吗?"这时,我们要发挥自己的同理心,站在对方的立场来替他想一想,学会理解对方,并肯定对方的感受:"如果我是你,我也会生气的。"然后再安抚对方的情绪:"别生气了,生气于事无补,不如我们一起来想想怎么解决这件事。"最后再和对方讨论事情的解决办法。

当你帮对方解决了情绪困扰,他的坏情绪不但不会传染给你,也不会再传染给他人。这个坏情绪的传染源也就消失了。

生气是拿别人的错误惩罚自己

来去由他，喜怒随他，任凭风吹浪打，胜似闲庭信步。

人是情绪动物，面对生活中的喜怒哀乐，很少有人能完全克制住自己的情绪，面对快乐的事，所有人都可以不设防地大笑；面对悲伤的事，少数人放声大哭，多数人会回到自己熟悉的空间难过。而"怒"这种情绪无疑最不好把握，很多时候，我们反复告诫自己不要发怒，等看到让我们发怒的事，所有的理智一瞬间消失，我们就会神态大变、情绪偏激，甚至做出怒骂、打人等我们自己都不相信的事，可见怒气一旦爆发，就容易失控。

仔细思考我们发怒的原因，会发现除了一些关系未来前程的大事，关系个人感情的私事之外，多数都是芝麻绿豆的日常小事。这些怒气还有一个特点，就是往往跟他人有关，他人做错了一件事让自己气愤；他人说错了一句话让自己不自在；他人的一个眼神让自己越想越不对劲；他人如果故意找碴儿，那简直就是挑战尊严和底线，需要立刻迎战，刻不容缓，这就造成了我们越来越爱为那些不值得生气的人生气。

一个欧洲小国的国王正与大臣开会，国王表彰了财政大臣的政策实用有效，令国家的收入明显增多，那位大臣谦虚地说："哪里，这都是因为国王英明，我才能想到这条计策。"国王听后更高兴了，给了大臣不少赏赐。

另外一个大臣看着眼红,不禁嘀咕了一句:"有什么了不起,就会拍马屁。"没想到这句话声音大了点,连坐在最上面的国王都听得一清二楚,国王大怒:"你说什么?"

"我……我……"大臣支支吾吾,连忙跪在地下,这时财政大臣说:"陛下,我就站在他旁边,没听到他说什么啊。"国王瞪着眼睛说:"既然财政大臣大人有大量,我今天就饶了你,今后不要在朝廷上胡说八道!"

下朝后,其他人围住财政大臣问:"我们刚才都听得清清楚楚,你难道不生气吗?为什么还要帮他求情?"

"我为什么要生气呢?说错话的人又不是我。"财政大臣说,"真正有损失的人更不是我,我为什么要拿别人说错的话让自己生气?"

没有理由被指责是种不愉快的经历,完全可以愤怒。但是,故事中的大臣却选择了息事宁人。在大臣看来,真的吵起来又能怎么样?不过是那位侮辱自己的人被责罚,这能让自己多一些什么吗?不能。就算能,也是多一个仇敌而已。何况,生气气的不是别人,只有自己,为了别人的一句非议大动肝火,影响的何止是一时的心情?这么做显然不值得。

值得还是不值得,这是每个人在即将生气的时候应该首先考虑的问题。多数情况下,你能考虑到这一层面,就不会再生气,有多少事真的涉及生死性命?多数不过是一时的脾气,甚至是别人不经意做的一件事、一句话,如果真拿来为难自己,影响自己的生活,倒得不偿失。愚人喜欢争闲气,智者从不自己找气生,那么,什么样的气是"闲气"?

1. 为别人的错误生气

人们对自己都有宽容爱护的一面,让我们大发雷霆的一般不是自己的错误,而是他人的错误。他人的行动干扰了自己,他人的言论影响了自己,甚至他人的存在让自己不顺心，都可能成为愤怒的理由，而且我们会这样告诉自己：他做错了事，为什么要让我来承担不快？于是，发脾气就成了一种"理所当然"的行为。

这个时候，没有多少人愿意想想他人的感受或者他人的处境，也许让你生气的只是别人的无心之失。何况，既然你知道别人做错事，批评指正才是更好的选择，而非要大动肝火，好像别人故意惹你生气，显示的却是你太没气度。

2. 为别人的语言生气

我们的生活脱离不了语言环境，甚至在很多时候，我们生活在语言中，每天直接间接听到的语言最能影响到我们的心情。每个人都有自己的立场和想法，说出来的话不可能全都合你心意，大部分的时候，你会发现别人说的和自己想的相去甚远，而别人说的话在你看来如此不可理喻，让你怒火中烧。

但是，那只是一句话而已，甚至可能是别人随口说的一句笑话，根本没有成为事实，也根本没有妨碍到你，为这样一句话生气，是别人太不注意你的心情，还是你的心情太不注意公共场合的平等性？而且，总是为别人说的话生气的人，无法深入地和人交流，这是很大的损失，应该尽量避免。

3. 为别人的冒犯生气

每个人都有自己的尊严，有时候，人们觉得自己被冒犯了，认为自己不被他人放在眼里，甚至认为他人在明嘲暗讽自己。其实仔细想想，你的人缘真的有那么差吗？谁没事就去冒犯讽刺别人？多半是你太过敏感多疑，把别人无心做的事当成了有意。就算别人真的轻视了你，生气又有什么用？只有成绩才能堵住别人的嘴，让自己扬眉吐气。

人与人相处的时候，因为个性差异难免有摩擦，别人犯错是别人的损失，做好自己的一部分才是最重要的，生气是拿别人的错误惩罚自己，既然自己做得很好，又何必自打自罚？

愤世嫉俗不能解决任何问题

幸与不幸，有时只在自己一念之间。

我们都曾看到过这样一类人，他们有一些共同特点：他们往往有一些才能和成绩，但这些才能说不上出众，成绩更算不上成功，他们对自己的境遇充满不满，有些人满腹牢骚，有些人只偶尔说一句话，内容不是怀才不遇就是怨天尤人。他们有一个口头禅："真不公平。"他们忌妒那些比他们幸运的人，认为自己的"不幸"就是因为时机不对，他们认为别人都不如自己，而自己却被埋没……这类人就是人们常说的"愤世嫉俗"。

愤世嫉俗的人认为理想中的世界应该是公平的，他们总是在强调自己境遇的不幸，其实，这些情绪之所以产生，是因为他们生活得不够理想，将他们放在别人的位置，他们未必会做得更好。何况，他们中的大多数人并不具备"超凡脱俗"的圣人心态，他们的哀叹和抱怨反映出他们能力上的缺陷，即他们没有高超的解决问题的能力。

有个孤儿从小聪明伶俐，孤儿院的老师都认为他将来会有出息，也都盼望他会被一个好人家收养。后来，一对大学教授收养了这个孩子，老师们都为他将来的出路高兴。

可是，这个孩子并没有像老师期望的那样成为一个有作为的人，而是成了一个收入很低的小学老师，很不得志，常常借酒浇愁，埋怨自己生不逢时，从小就是个孤儿，养父母也没能给自己提供更好的条件，社会更没有给自己一展才华的机会。

孤儿院的老师听说了这件事不禁对人感叹："没想到他变得如此愤世嫉俗，可是他为什么不想想，当年他的养父母如果没能从几百个孤儿里挑中他，他会过什么样的生活？如果社会没有给他求学工作的机会，他还有没有时间发牢骚？愤世嫉俗不能解决问题，如果看不到自己的幸运，他只能一生都生活在不幸之中。"

每件事都有两面性，幸与不幸是一个相互转化的过程。在孤儿院长大的孩子如果能珍惜自己的才能、珍惜自己的机会，以比普通孩子更认真、更努力的个性成长，他们的成才概率会更高。这种天生的不幸能够伴随着韧性与不服输的劲头，从这个角度说，他们是幸运的。

幸与不幸，有时只在自己一念之间。就像故事中的孩子，他体会到了自己的不幸，却没有看到自己的幸运，不论是天生的聪明还是被养父母收养，都不能让他产生幸运感，他一味地盯着自己不幸的那一面，根本不去看幸运的一面。对天生才能的运用、对养父母的感恩都能使他过上另一种生活，但他偏偏选择没有任何作用的愤世嫉俗，这才是他不幸的根源。那么，人们究竟该怎样看待幸与不幸？

1. 世界上没有绝对的公平

抱怨世界不公的人并不理解公平的含义，世界上本来就没有绝对的公平，人从生下来一开始，就没有同样的长相、同样的脾气、同样的境遇，有些人看上去比别人幸运一些，不代表他没有努力，没有付出，甚至他要承担更多的责任。有些人似乎比别人不幸，但他们拥有的魄力和勇气不是一般人可以媲美的，世界不公平，但它又存在着某种公平，你缺失一些东西的时候，必然也拥有了一些东西，没有人能宣称自己一无所有，就算你一无所有，你依然拥有生命本身，也就拥有了未来获得成功的可能。

2. 耕耘不一定会有想要的收获，但不会一无所获

人们之所以愤世嫉俗，多是因为自己付诸努力的事没有得到想要的回报，而别人看上去轻轻松松就得到了自己梦寐以求的东西，这种现象的确存在，但是，你怎么确定别人不是比你付出了更多的努力？何况，你的耕耘并不是一无所获，至少你拥有了避免失败的宝贵经验。就算你得到的并不是自己想要的，你应该想的是如何变更方向，而不是怨天尤人。

3. 想要改变环境，先要改变自己

愤世嫉俗的对象大多不是某个人，而是某个环境。愤世嫉俗者总是认为自己怀才不遇，被大环境压制。大环境的一切都是不对的，一切都在与自己作对，他们梦想有朝一日能够改变这种环境，自己可以实现抱负，但是，想要改变环境却不付诸行动的人，只会被环境压制。

改变环境的方法只有一个，就是首先改变自己，让自己了解环境，能够在某个环境中如鱼得水，然后才能在这个环境中处于主导位置，从小地方入手逐渐改变。当你想要改变一件事，你必须先了解它、融入它，这是顺序，也是规则。

4. 行动比怒骂更能解决问题

愤世嫉俗的人喜欢用激烈的语言发表自己的不满，在这发泄中，他们并不痛快，周围的人也要跟着受罪，承担他们的消极情绪，不明白的人会问：你为什么不去做点什么？而愤世嫉俗者的最大特点就是眼高手低，不知道自己该做什么，只知道习惯性地抱怨，其实他们最应该做的事只有一件——面对现实。

愤世嫉俗除了给自己增加烦恼外，不能带来任何好处，只会让自己陷入迷茫，与其否定现实，不如接受和顺应，然后再想办法改变。

令你怒火中烧的往往是你自己

对于不顺眼的事，如果你睁一只眼，闭一只眼，它就会过去。

在多数情况下，不论生气和发怒，起因常常是因为别人，但是，真正让人发起火来的往往是观念上的偏差。抛去那些突发的、让我们措手不及的事，生活中，更多怒气都有一个累积爆发的过程，并不是无迹可寻，也不是无法控制。

让我们仔细回味一下怒气产生和爆发的过程：怒气的产生大多因为一件不起眼的小事，这件小事让人看着不顺眼；对于不顺眼的事，如果你睁一只眼，闭一只眼，它就会过去，一旦你继续看它、思考它，就会越想越不对味，变成不顺心；对于不顺心的事，如果将它放在一边，等待它冷却，自然也不会占用时间，一旦你张开嘴开始说它，就变成了抱怨；你抱怨几句停下来，它也对你没什么危害，如果你一直不停地抱怨，再有旁人参与"讨论"，你就会越来越激动、越来越气愤，忍不住发起脾气，酿成一起"情绪事故"。

"是可忍，孰不可忍"是小雨的口头禅，她是公司的新职员，还没有褪去大学生的稚气，在公司遇到了"不公正待遇"，总是忍不住怒火中烧，向上级反映。

例如，合同上没有规定必须加班，但在这家公司，每个职员都把加班当作家常便饭，小雨常常对领导抱怨没有加班费，领导一开始还劝劝她，后来干脆对她不理不睬。同事间存在竞争，她也看不惯，总认为别人使坏；看到同事早退，她觉得对方偷懒，也去领导那里汇报，领导只好象征性地批评同事几句，同事从此对她怀恨在心……小雨做事不懂"睁一只眼，闭一只眼"，动不动就发怒，就要说出自己的不满，久而久之，领导和同事都厌烦她，连老总都知道了这件事，准备让人找小雨谈话，如果小雨不能改改自己的脾气，也许会面临被辞退。

对什么事都愤怒、都有意见，是为人不成熟的一种表现，就像故事中的小雨，她总觉得自己"不能忍"，于是她抱怨领导、监督同事、非议环境，当环境与环境中的人已经成为一种常态，你非要站出来指责这不对、那不对，即使你说的是对的，习惯这种环境的人依然觉得你不对，甚至联合起来排挤你。小雨面临辞退，生活中不知有多少人因为自己的"不能忍"而面临着他人的反对和排挤。

每个人都有自己的个性，有自己看不顺眼的事，可以不被环境同化，但也不要在自己没有实力的时候向环境发出"挑战"。当别人都不说什么的时候，你为什么不想想是不是自己太容易愤怒？每个人的忍耐力都有限，多数人都在忍耐，说明事情还在可控制、可接受的范围内，不要因为你自己要求太高而怒火中烧，这种情况是你的问题，不是环境的问题。下面介绍几条克制怒气的实用方法。

1. 自我规劝法

凡事要三思而后行，想要发怒的时候，首先要自我规劝：这件事值得发怒吗？发怒的后果是什么？努力让自己忍住气。怒气有个特点，就是来得快，去得也快，当时不爆发，过上一分钟，它自然就消了，至少它的杀伤力降了一大半，这时候你即使说几句话，也不会造成大范围冲突。对待怒气，自我规劝法是最常用的方法，它能使你在怒气正酝酿的时候内部消解，自行恢复良好的心理状态。

2. 情绪转移法

情绪转移法是最实用的消气方法，当你觉得自己怒火中烧，干脆想想其他的事，转移自己的怒火。比如，和人发生口角时，你可以首先说："这件事我们都冷静一下，中午一起吃饭，你有什么提议吗？"这个时候别人也不好再紧追不放，多数时候，两人之间的怒火只是需要有一个人转移一个话题，就可以自然而然地结束。

3. "临阵脱逃"法

当你发现对方怒火中烧，即使你占理，也不想跟对方硬碰硬的时候，掉头就走是最好的办法。如果你不想生事，就不要去招惹一个暂时失去理智的人，兵法说避敌锋芒，就是在"敌人"气势最强的时候找地方避一避，这不是胆小，而是策略。举个例子，当你的上司正在发火，你有什么意见最好搁置，等他高兴的时候再谈，如果趁着对方生气提起来，难保不被当作出气筒。

4. "化悲愤为力量"法

愤怒是人之常情，但怒火中烧，烧的是自己，对自己没有什么实际的好处。愤怒的时候，最实际的做法是"化悲愤为力量"，把自己受到的"不公正待遇"当作前进的原动力，让自己更加努力，这也是最积极的做法。

总是对世界抱有愤怒心态的人，如果能静下心来好好反思一下自己，会发现令自己愤怒的并不是某种情况、某个人，而是自己身上的某些禀性，或者愤怒自己没有能力。提高自己的克制力和做事的能力，都会让自己更有自信，自信的人不会凡事愤怒，他们喜欢凡事尽在掌握。

第十二章 转化情绪，管住情绪不失控

当你面对各种各样的负面情绪的时候，你会怎么做？每个人都有不同的宣泄情绪的方式，而最佳的排解负面情绪的方式就是"转化情绪"，让愤怒、焦虑、埋怨等这些令我们烦恼的情绪，全部转化为积极的、乐观的、向上的正能量，这样就能免受负面情绪的侵袭了。

情绪从何而来

情绪不会凭空产生。

情绪给我们的生活带来了诸多影响，那么，情绪究竟来自于哪里，是如何产生的？要回答这个问题，我们先来看看下面这个小故事。

有一位女作家，人到中年，尚单身一人。她常常四处漂泊，寻找写作的灵感。正是这种生活的积累，她的文章总是那么有味道和富有特色。

有一次，她来到一个村庄，到一对农民夫妇家借宿。女主人在得知她的情况后，不无同情地说："一个女人没有家庭，没有丈夫和孩子，一个人这样浪迹天涯，太可怜了!"

女作家诧异地说："可怜？不，我从不觉得自己可怜，更不觉得孤独。我做着自己最喜欢做的事，过着自己最想过的生活，活得既自由又充实，我很幸福！"

对于同样的状况，农妇觉得可怜，女作家觉得幸福，为什么会有这样两种截然不同的感受？就在于她们对事物的感知不同。人类的很多感受和情绪皆来自于我们主观的对事物的不同感知。

要更清楚地说明白这个问题，我们可以来看看人类的四种基本情绪——快乐、愤怒、恐惧、悲伤——是怎么来的。情绪产生的基础是需要，一个人的需要得到满足与否，便产生了各种情绪。

例如，当一个人的期望或追求得到实现后，心理的急迫感和紧张感解除，需要得到满足，快乐的情绪便由此产生；当一个人的需求受到抑制或阻碍，愿望无法实现，紧张感增加，甚至不能自我控制，出现攻击他人的行为，这时的情绪就是愤怒；当危险状况出现时，人们企图摆脱和逃避，而又无力应付时产生的情绪体验就是恐惧；而悲伤是丧失之后的情绪体验，因自己喜欢的对象遗失，或期望的东西幻灭，而引起的一种伤心、难过的情绪体验。

从以上四种情绪产生的原因来看，情绪的产生有主观原因和客观原因。客观原因就是客观现实本身，包括人、事、物；当客观现实满足或者满足不了人的主观需要时，人的身心就会受到某种刺激，因而产生一种身心激动的状态，这就是情绪。所以说，客观现实是否能满足人的主观需要这是情绪产生的主观原因。

但是，同样的客观现实能满足这个人的主观需要，却不能满足另外一个人的主观需要，这是为什么呢？因为每个人对同样的客观现实的看法、观点都不同。例如，观看同样一部电影，有人深陷其中为之感动，几欲泪下；有人觉得做作煽情，无聊至极。这说明对客观现实的不同认识使人产生了不同的情绪。

用一个词来概括情绪产生的主观原因，那就是——主观认知。这也是情绪产生的内在原因。所以，当客观现实符合我们的主观认知时，我们就会产生积极的正面情绪；反之，当客观现实不符合我们的主观认知时，我们就会产生消极的负面情绪。这就是情绪产生的根源。

那么，我们为什么要挖掘情绪产生的根源呢？这对我们了解情绪、掌控情绪有什么帮助呢？下面这两点很好地回答了这个问题。

1. 知道了情绪产生的根源，才能不再和情绪"较劲"

情绪产生的根源是客观现实是否符合人的主观认知，也就是说，情绪本身是一种现象、一种结果，是一种客观存在，所以解决情绪的方法不是"折腾"情绪，而是找出产生情绪的原因。

情绪也是一样，它也只是症状而已，它在告诉我们：我们的生活中出现了问题，需要我们及时处理了。可是现实生活中人们却大多不是这样，他们不去寻找和解决产生情绪的缘由，而是在和情绪"较劲"。这样非但缓和不了自己的情绪，只会令自己的情绪更糟糕。

因此，在有了情绪时，别再妄想怎样才能把情绪赶跑，而是尽快解决产生情绪的事情，那么情绪自然会不赶自跑。

2. 知道了情绪产生的根源，才知道"治病要治本"

知道了情绪产生的根源，我们就知道了情绪是赶不跑、灭不掉的，就像我们无法对着头痛欲裂的头说："求求你，别再疼了。"就算你吃一颗头疼片也只是将头痛暂时压制，而无法让头痛彻底消失。所以，"治病要治本"，找出产生情绪的人或事，解决它，切断令我们产生不快的源头，不快才能随之消失。

一切情绪来源于生活

坏情绪来自于生活中很琐碎的小事，别让这些小事打扰了心情。

情绪来自于我们对事物不合理的认知，那这些事物又是来自于哪里？当然是来自于生活，因此我们也可以这么说——情绪来源于生活。

生活中的大事小事都可以引起我们的情绪波动，大至超越了人的能力承受，小至扰乱了人的心理平衡，这些大事小事都会是"情绪"的来源。这些可以预测以及不可预测的刺激事件，都会给我们带来或大或小的情绪。

小灵今天晚上可谓祸不单行：出去吃饭时，一脚踢在一块石头上，踢得脚指头生疼，心里想："怎么这么倒霉啊。"

来到饭店吃饭，想喝口汤，谁知勺子掉进碗里去了，好不容易把油乎乎的勺子拿出来，端起碗来想喝一口，却洒了一裤子的汤汁。小灵吃饭的心情一下子全没了，心想赶快回去换条裤子，这湿漉漉、黏糊糊的裤子可真不舒服。

走到家门口，却发现钥匙忘在家里了，而这时没人在家。她的情绪一下子跌到了极点：今天真是祸不单行。于是只好给妈妈打电话，让她赶快回来开门。

大冬天的晚上，小灵穿着湿漉漉的裤子蹲在门口瑟瑟发抖，心里真想找个人发发火……

看看小灵的遭遇，我们就知道，坏情绪其实就来自于生活中很琐碎的小事。别看这些小事，却能扰乱自己的心情。一旦这些"倒霉"的小事累积起来，也会让人的情绪处于愤怒的边缘。

那么具体来说，哪些事情会成为情绪的来源呢？

1. 生活中的小困扰

我们每天都不可避免遇到各种各样的小挫折。例如，正在使用电脑却突然停电，自己的文件因此不翼而飞；外出就餐，饭菜撒在身上；走在路上突然摔了一跤……这些小困扰都会成为我们坏情绪的来源。

2. 生活中的重要事件和大的变动

生活中的重要事件和大的变动是造成"情绪"的主要来源之一。这些事件一般都比较难以处理，所以使我们产生了很大的情绪。

例如，突然中了200万元特等奖、换了一部新车、突然升职加薪等，因为这些会造成我们日常生活的重大变动，使我们必须面对新的生活需求以及新的环境要求，当然就会产生大的情绪波动。

还比如亲人的突然亡故、夫妻离异、牢狱之灾、个人生病或者受伤、失业、退休等，都会引起情绪的波动。

3. 突发灾难

例如，地震、火灾、水灾等重大突发灾难，对遭遇灾难者、现场目击者、前往救援的人、受害者的亲友及各种传播媒体来说，都会带来不小的情绪冲击。

4. 长期的社会问题

很多长期性的社会问题都会成为我们情绪的来源，例如，快节奏的生活、过度拥挤的空间、不稳定的生活状态、不安全的食品、环境污染等。因为这些问题导致了人们心理上的问题，引起了人们的情绪问题。

认知决定情绪，快乐可以主导

改变不合理认知，坏情绪才能离你而去。

情绪来自于主观对客观现实的不同认知，当客观现实不符合我们的主观认知时，我们就会产生消极的负面情绪。那么，我们的情绪之所以不好是客观现实的错吗？当然不是！客观现实作为一种客观存在，是没有对错、不会改变的，更不会依我们的喜好而改变。例如，电影会因为我们不喜欢而在瞬间改变剧情吗？当然不会！

我们再来看看，人们对客观现实的主观认知都是正确、合理的吗？当然也不是！为什么同样一件事情，别人不会产生负面的情绪，而你却会呢？正是因为你对这件事情有了不合理的认知，或者说错误的判断和看法。你对这个世界不合理的认知越多、越深，你的负面情绪就会越多、越强烈。

小李和小王共同负责一项工作，但因为种种原因，到下班时两人还没完成。领导要他们两个留下来加班，把工作做完。小王没有任何怨言，老老实实地继续工作。小李却不情愿了，他对小王说："哎，有没有搞错啊，叫我们加班，我们已经下班了。"

小王淡淡地说："是到了下班的时间，但我们的工作没做完，留下加班是应该的。"

"什么应该,不能明天再做吗?"

"既然领导让我们加班,肯定是着急让我们做完,不能等到明天。"小王耐心地劝他。

但小李依然有情绪:"我不想加班,我想下班,朋友们还等着我去玩呢。"

"赶快干吧,有你发牢骚的工夫,也快干完了。"

没办法,小李只好坐了下来继续工作,但人是坐下来了,心明显不在状态。干一会儿,叹下气;写一会儿,站起来转两圈,还不停地看表。嘴里不时地说着:"烦死了,烦死了。"

同样是加班,小王是心甘情愿地面对,小李却诸多怨言。正是因为此,他们俩对加班这件事有着不同的认知。由此可见,坏情绪正是来自于对事情不合理的认知。

也许你会觉得,谁会喜欢加班呢?"我不喜欢加班"这个认知并不是不合理。这就要具体情况具体分析了。如果你的工作完成得很好,领导还要你加班,或者不止一次要求你加班,那么你"不想加班"这个认知当然是合理的;但因为你的工作没做好,领导才让你加班,那么你"不想加班"这个想法显然是不合理的。

所以,是否"合理",并没有一个严格的定义和界限,而是要视客观情况而定。但有一点是可以确定的,"合理"是合乎事理和道理,而不是合乎你的主观感受。因为人的感受作为一种主观意识,是随意的、个人的,是符合自己的心理的,但却未必符合事理和道理。

因此,事情并不会改变自身去迎合你的主观感受,而你却必须改变自己对事情不合理的认知,从而让自己的坏情绪得到转化。对于这一点,还有几个方面需做详细说明。

1. 事物不会伤害我们，伤害我们的是对事物不合理的认知

坏情绪会给我们的身心带来伤害，而坏情绪产生的原因是对事物不合理的认知，由此可以得出伤害我们的是对事情不合理的认知，而不是事情本身。

事情往往是无法选择和无力改变的，那就只有改变对事情的认知：乐于接受并寻找它的积极面。例如，加班，"虽然加班不能让我那么快回家，但能让我把未做完的工作做完，减轻了我的工作压力和心理负担。"当你这么想的时候，你就由不想加班变为积极主动地加班，情绪自然就好了。

2. 不要把"不合理"认知当作"合理"认知

在很多情况下，我们之所以不能改变自己不合理的认知，是因为不知道自己的认知是不合理的。这样的人，总是躺在自己不合理的认知上睡大觉，执迷不悟。

例如，失去了升职的机会，不觉得是自己的能力不够，却认为是同事采取了不正当的竞争手段，或者领导故意给自己穿小鞋，因而陷入对领导和同事的怨恨情绪当中。经他人提醒之后，还不改变自己的看法。

特别是一些自以为是的人，总认为自己的看法都是正确的，他人的看法都是错误的。或者自己有一些错误的人生观和价值观却不自知，这样的人当然很容易产生负面的情绪。只有多和他人交流和沟通，改变自己不合理的认知，坏情绪才会离你而去。

正确对待自己的情绪

情绪需要释放，否则就会被其控制、困扰。

生活在现代都市的人们，常被各种各样的问题困扰：人际关系的矛盾，对前途的担忧，事业的压力，这些问题带来了诸多不良情绪，无情地啃噬着我们的心灵，妨碍着人们正常的工作、学习和生活。

小涵是公司的骨干，工作的压力和生活的重担常常让她喘不过气来，而她却不知道该如何宣泄。她常听到一些男人在拳击馆里怒吼，可是这样的方式却不适合她这样的女孩子。所以，她有了不快，只能向别人诉说。然而朋友们都很忙，而且有点情绪就向他人诉说，显得自己一点控制能力都没有。

于是，她想到了和男朋友去诉说。可总是没说两句两个人就吵起来。而且作为同龄人，男朋友对事物还没有特别成熟正确的判断。而对父母，她常常是报喜不报忧，怕老人家为她操心。因此，小涵有了情绪只能憋在心里，她郁闷极了。

所以，小涵干脆放弃了一切宣泄情绪的方式，任由这种情绪状态持续下去。她觉得，好多人都有压力、都有情绪，还不是和她一样就这么过着。

人的心灵有时就像波涛翻滚的大海，需要的则是正确地疏导和宣泄。人的不良情绪总要有个"吐"的方式和地方，就如同地震，能量释放出来了，也就平静了。而情绪的释放要以小能量来分解大能量，否则积蓄太多，一发便会惊天动地，对自己也可能会带来损害。

像小涵这样，有了烦恼和苦闷，却不知道该如何解决，想解压也没有途径，只能让自己陷入坏情绪的包围圈中，任由坏情绪侵蚀自己。这种对待情绪的方法当然是不对的。除了小涵的这种方式外，以下对待情绪的方式也是不正确的。

怨天尤人：有些人在情绪不好的时候，总想着抱怨、把责任推给别人、推给客观情况，想找个"出气筒"或者"替罪羊"。他们不是从自身找原因，不懂得反省自己。

待在坏情绪里不动。这些人有了负面的情绪时，不去做任何改变，不想办法宣泄，就是在坏情绪里消极等待，结果使原来的心情更加恶劣。

压制自己的情绪。这些人会用意志力刻意压制自己的情绪，甚至不承认自己的情绪，这也是很不科学的，就像气球憋久了会爆炸一样，压制自己的情绪早晚会发生更大的爆炸。

放任自己的情绪。这些人则肆意地发泄自己的情绪，逮着谁都乱发泄一通，这样做将导致行动与情绪的消极互动，即消极的情绪引发消极的行为，消极的行为又强化了消极的情绪。

不停地后悔和自责。这类人有了坏情绪时，会不停地自责："如果我当初不这样做，就不会到今天这种地步。"不停地自责、不原谅自己，这往往是追求完美的人对待情绪的方式。

以上这些对待情绪的方式都是不对的，用这些方式只会令自己的情绪越来越糟，如果我们能用下面这两种方法来对待情绪，效果就会好很多。

1. 用实际的行动来缓解自己的情绪

要行动起来，找出最合适你的方法排除自己的情绪。例如，可以找一个最亲近的人倾诉；进行体育锻炼；打高尔夫球、画画、下棋、种花，等等。当你感到有情绪压力的时候，邀几个亲朋好友去聚餐一次，或去观赏一部电影；运用听音乐、讲笑话来调节自己的情绪。

2. 改变自己的认知

改变自己一些不正确的认知和不好的生活状态。例如，对自己的要求不要过高；防止过于孤独，设法结识一些新朋友。认识一些新鲜的事物，以保持精神的平衡；学会自我激励和自我暗示，让自己始终保持良好的自我感觉；不过分拘泥于成功。失败是成功之母，有意义、有经验的失败要比"简单的成功"获益更大；用慢节奏的生活方式来让自己得到彻底的放松。

人的一生，有明媚灿烂的阳光，有心想事成的喜悦，也有事与愿违的不快与烦闷，要学会正确地对待自己的这些情绪，找到更合适的方法来缓解自己的情绪。

别让负面情绪毁掉你

改变自己不合理的认知，避免掉入负面情绪的深渊。

坏情绪来自于对事物不合理的认知，那么不合理的认知又是如何产生的？这跟我们的经历、受到的教育、成长的环境有关，也跟我们的性格有关。是这些造成了我们绝对化、偏执、极端等不健康的心理，以及不正确的人生观、价值观，因此也就产生了许多负面的情绪。

志强从小在农村长大，虽然自己学习很努力，考上了大学，但因为家境不好、见世面少等原因，致使他不仅在穿衣打扮方面比较土气，其他个人素质方面也很一般。

有一次，他喜欢上了班里的一个女孩，就向对方表达了好感，但这个女孩已经有男朋友了，就拒绝了他。他愤愤不平地说："为什么这么快就拒绝了我，为什么不能让我和别人展开公平竞争？"因此，他对这个女孩非常怨恨。

工作以后，他很努力，天天希望能升职加薪，但在一次职位竞争中却败下阵来，他又发起了牢骚："凭什么我兢兢业业努力工作，升职加薪的却不是我，这不公平！"

他总觉得老天爷对自己不公平，每件事都不让自己如愿，他恨命运的不公,恨他人的不公,因此,他总是活得很痛苦。在痛苦中,他不再努力工作、好好生活,开始自暴自弃,破罐子破摔。

志强为什么会总是抱怨、会这么痛苦?因为他陷入了"一切必须公平"的错误认知。我们都知道,这世界没有绝对的公平,更没有天生的公平。所以,总是抱怨世界不公的人,必然陷入对世界强烈不满的负面情绪。

我们不能像志强那样,因为自己的错误认知而掉入负面情绪的深渊。所以,我们必须改变自己不合理的认知。但是很多人都不知道自己的哪些认知是不合理的,因此,先要知道自己哪些想法是"错"的,"错"在哪里?才能有针对性地去改变、去纠正。

1. "绝对化"的认知

在生活中,有这么一些人,他们喜欢这样要求自己:"这事要么不做,要做就做到最好!""这次考试,要么不参加,参加就要拿第一!"在参加比赛和得第一之间还有第二、第三、第四等种种可能,他们却都不能接受。这是一种绝对化、极端的想法和认知,一些完美主义者常会有这样的认知。

他们对事物的看法非黑即白,没有中间地带。一旦形成了这样的认知,他们就会以这样的标准要求自己和他人。一旦结果不如所愿,他们就会产生失望、难过、无法接受、不能原谅自己等负面情绪。

2. 以偏概全、过度归纳的认知

很多人,都会有这样一种心态:发生了一次的事情,就认为以后次次都是这样,进而产生放弃的心理。

例如,个男孩子鼓足勇气追求一个女孩,女孩拒绝了他。于是这个男孩就产生了这样的心理:"我以后再也不会主动追求女孩子了,所有的女孩都看不起我。"再如,有个人开车遇到了堵车,心情非常不爽,于是发出了这样的牢骚："这个世界真是糟透了！"

因为一次失败和不顺利，就对自己或世界下了绝对的定义，完全否定自己和这个世界，由此产生了很深的挫败感和很糟糕的负面情绪，这种情绪正是因为他对事物以偏概全、过度归纳的认知产生的。

3. 喜欢给自己或他人贴上不好的标签

给自己或他人贴上不好的标签，有些人特别喜欢干这样的事。例如，"我天生就是一个失败的人，这辈子都无法改变了。"有些人在数落别人时喜欢给对方贴标签："你这个人真是一无是处，一辈子也不会有出息！"

看不到自己和他人的优点，反倒把缺点夸大化、绝对化，这种认知必然让自己和他人心情低落、情绪不好。

4. 以"应该论"看待人和事

许多人的情绪都被"应该论"操纵。例如，"我这么爱你，掏心掏肺地对你，你不应该这么对我！"

世界上的人和事是复杂的，不是所有的事情付出就一定有收获，"因为"就一定有"所以"。抱着"应该论"看待人和事的人，会觉得他人或这个世界都对不起自己，会委屈、不满、抱怨，极易陷入负面的情绪里。

调整心态，免遭坏情绪侵扰

我们必须尝试去改变、调整自己不健康的心态。

不合理的认知，是坏情绪产生的根源。除此之外，不健康的心态也能使情绪变得糟糕。因为，不健康的心态会产生不好的心境，会影响自己对事物的判断和认知，因而也左右了自己的心情。

有一个女孩子是一位老师，各方面都很优秀，就是有点"疑心病"。

一次，她在办公室里，几位同事却避开她躲在一边说话。她心里想："干吗躲着我，难道是在说我的坏话？"好几天这个念头一直在她的脑中挥之不去，甚至都影响到了她的工作。

课堂上，有一位同学趴在桌子上睡着了，她心里又不舒服了："他干吗睡觉？肯定是嫌我的课讲得不好！"心里为此又难过了好几天，不停地反思自己的课哪里讲得不好。

心情正郁闷呢，突然想起来男朋友好几天都没给自己打电话了，她又闹心了："看来他根本就不爱我，原来说的话都是骗我的。"这样一来，她的心情更痛苦了，工作也没心思了，吃饭也没胃口，晚上躺在床上独自哀伤，无法入眠。

故事里的主人公有强烈的"疑心病"，这是一种非常不健康的心态。这种心态的人总是怀疑别人的言行是对自己不利的，他们喜欢怀疑一切莫须有的事情，却不主动去求证事实的真相，只是自己在那里猜测、胡思乱想，因此导致自己天天处于忧郁的情绪中。

由此可见，不健康的心态直接导致了我们不好的情绪，因此，我们必须尝试去改变、调整自己不健康的心态。首先我们要了解造成坏情绪的不健康心态主要有哪些。

1. 喜欢反复咀嚼令自己不快的人和事

有一些人喜欢沉浸在回忆里，反复回味令自己忧伤的过往。或者别人一句不太中听的话，他们会反复地琢磨："他这么说是什么意思？难道是看不起我？"

他们时不时地回忆起令自己不快的人和事，这种不健康的心态使他们长期处于一种不快乐的情绪当中。与其说不快乐常常光顾他们，不如说他们揪住不快乐的情绪不放。这种人多少有点自虐倾向，他们以这种伤害自己的方式来治疗曾经受到的伤害，终难逃脱痛苦的折磨。

2. 对未发生的事情做悲观预测

你是否也曾经有过这样的时候，明天要考试了，你想："我肯定考不好的，上大学我是没有希望了，将来也不可能有一份满意的工作，我这辈子算完了。"

也许你的学习成绩确实不太好，考上大学的希望不大，但凭什么就可以断定你找不到一份好工作，甚至断言自己这辈子都完了？对未发生的事情抱着这么悲观的情绪，而且是这么遥远的事情。

更糟糕的是，你深信自己这种悲观的预测是正确的，并以此作为自己不再努力奋斗的借口。那么你不仅容易陷入悲观绝望的负面情绪中，也可能一生一事无成。

3. 过于敏感

敏感不是缺点，但过于敏感就是缺点了，特别是与人交往的时候。这方面有一个代表人物，那就是《红楼梦》中的林黛玉。贾宝玉随便说说的一句话，她琢磨半天，并费尽心思地去猜测对方话里的"潜台词"；受到丫鬟恶语相激，就联想到自己身世可怜，连丫鬟都来欺负自己；看到落花，又触景生情，于是产生了更加失落、悲伤的情绪。

过于敏感的人通常也有"疑心病"，他们的心思过于细腻、神经太敏感，过于重视细节，因此放大了自己的负面感受，极易悲伤和落寞。

4. 把他人的错误归结到自己身上

这类人说起来也挺"伟大"，也许他们内心也觉得自己很"崇高"，因为他们总是喜欢把他人的错误归结到自己身上。例如，女儿离婚了，妈妈一把鼻涕一把泪地说："都怪妈妈，当初不该给你找这样的男人。"下属犯了错误，领导一个劲儿地道歉："对不起，都是我的错，我没把工作安排好，所有的责任我来担。"明明是自己的老公不争气、不上进，还对自己乱发脾气，妻子却还怪自己："都怨我，我给你压力太大了。"

这类人的负罪感很深，他们喜欢自责，更喜欢乱揽责任。他们不仅把自己的情绪弄得很糟，也不利于问题的解决。

5. 自我激励变成自我强迫

为了鼓励自己取得成绩和渡过难关，我们都会自我激励："这次任务我必须完成！""这个星期我必须把这个做完！""这个女孩我必须追到！"

但是由于自己能力或时间的原因，这个任务确实完不成，领导都说："没关系，你已经尽力了，算了。"但你却不放过自己："不行，我必须完成！"

对方觉得不合适，拒绝了你，你却发誓说："不管你拒绝我多少次，不管付出什么代价，我都不会放弃追求你。"

朋友们，这还是自我激励吗？明明无望的事情却强迫自己必须做到，这是偏执！这是自我强迫！怀着这种心态的朋友怎能有快乐的心情呢？又怎能带给他人快乐呢？

6. 过度依赖他人

过度依赖他人的人，容易陷入孤独、恐惧、失落、悲伤等负面情绪中。

例如，有些父母过度依赖孩子，一旦孩子离开自己到外地去生活，父母就陷入无尽的思念和失落的情绪中；有些人过度依赖异性，一旦分手或者离异，就觉得到了世界末日，自己无法独自走下去；还有些人依赖自己的同事和工作伙伴，一旦他们离开，自己就手足无措、紧张慌乱，无法独自完成任务。

这种过度依赖他人的心态，使他们像个婴儿一样，一旦失去他人，就变得恐惧不安。不健康的心态还不止这些：完美主义、封闭自己、自卑等心态都会给自己带来负面的情绪。因此，要想改变自己的负面情绪，首先应该弄清楚情绪从何而来，是不合理的认知还是不健康的心态，追根溯源，才能从根本上转化自己的坏情绪。

调整好情绪，拥有幸福人生

要学会快速地转化自己的情绪。

既然坏情绪会让我们的生活一团糟，那么我们就不能坐以待毙，任由坏情绪控制我们的喜怒哀乐，而是应该学会疏导、控制和管理自己的情绪。简单地说，就是学会调节情绪。善于调节情绪，才可能有幸福人生。对于这一点，相信很多朋友都不会质疑。

有一对英国夫妇，他们正处中年。在做体检时，妻子被查出患了乳腺癌，丈夫得了前列腺癌，而且还有严重的心脏病，医生告诉他们：他们两个最多只能再活半年时间。

医生和他们的朋友都以为这对夫妇会非常难过，甚至承受不住打击，但正相反，这对夫妇并没有像他们想的那样。他们觉得既然所剩的日子不多，就要过得更有质量一些，要完成他们未完成的心愿。

于是，他们卖掉房子，用这笔钱来进行环球旅行。在旅途中，他们忘记了自己的病，开心地享受着每一天，像是回到初恋时一样甜蜜，看到他们的人都羡慕不已，丝毫看不出他们是身患绝症的两个人。

半年之后，他们回到伦敦，再次来到医院进行复查，奇迹出现了——他们的癌细胞居然大幅减少，甚至连丈夫的心脏病也减轻了许多，这一结果让医生感到匪夷所思。后来，医生把这个功劳归为夫妇俩积极的情绪。医生解释道：快乐的人脑内可以分泌出一种安多芬，它能增加人体内的淋巴球，增强抵抗癌细胞的能力，让人重获健康。

从这对夫妇的故事中我们可以看出：积极情绪对人的积极影响，更可以看出，善于调节情绪的人，才有可能拥有幸福的生活。试想，如果这对夫妇听到自己身患癌症的噩耗时，不是开心地去旅行，忘记病痛，而是大哭一场，终日难过压抑，那么也许不用半年，他们就会告别人世。

这绝不是什么危言耸听，因为很多病症的发病原因并不单单是生理的原因，而是由于心理的灰暗引起的。从某种程度来看，人类的恐惧、忌妒、敌意、冲动、愤怒等负面情绪都像是一种毒素，长时间被这些心理问题困扰，就会引发生理上的病变。因此，想要快乐健康地生活，就要学会调节好自己的情绪。

那些负面情绪，不仅会毁掉你的健康，还会把你带进失败的深渊，当然，也可以助你走向成功。你能得到哪一种结果，就看你善不善于调节情绪。

有两个秀才一起上京赶考，他们正走在路上，突然前面闹哄哄地来了一群人，是一支出殡的队伍。看到那口黑乎乎的棺材，其中一个秀才心里"咯噔"一下，心想："完了，这么重要的日子居然碰到有人出殡，太不吉利了。"于是，情绪立刻一落千丈。直到走进考场，他心里还在想着这件倒霉的事情，考试也无法专心，结果名落孙山。

碰到这样的事情，谁的心情都不会太好，另外一个秀才心里也为此纠结了半天，不过临考试前他终于想通了这个问题："棺材，那不就是有'官'又有'财'吗？好兆头！看来我这次是要高中！"于是心里的郁闷一扫而光，情绪高涨地走进考场，文思如泉涌，结果力拔头筹。

回到家里，两个秀才都对家人说：那棺材真的"好灵"！

其实，不是棺材"好灵"，而是两个人不同的情绪，给他们带来了不同的命运——第一个秀才陷入郁闷的情绪中无法自拔，而另一个秀才却善于调节自己的情绪，他不仅摆脱了负面的情绪，而且还把负面的情绪转化为正面的情绪。所以，这个秀才自然考出了好成绩。

这个故事引起我们的思考：善于调节自己的情绪，学会更多调节情绪的方法，尤其是学会在瞬间甚至是1分钟转化自己的坏情绪是多么的重要！倘若永远陷在这种情绪中无法解脱，那么你什么事情都做不了，也做不好！

第十三章　冲动是魔鬼，情绪上要沉得住气

我们都说"冲动是魔鬼"。诚然，冲动的情绪解决不了任何问题，只会火上浇油，遇事要稳得住心，沉得住气，守得住嘴，冷静面对，事情就会越来越顺。沉住气，控制情绪，大度为怀，这是成大事必备的素养。

克己忍让，礼让三分

拥有了宽广的胸怀，才能有更大的气量去容人。

人与人相处中，难免有磕碰，宽容就是所有争执与误会的消融剂。胸怀大度是一种高尚的品质，它让人们在学会宽容的同时，就必须先剔除心中的私欲和杂念，并抱着一颗推己及人的心，与人为善。胸怀越大，就越能包容，所谓海纳百川就是这个意思。来看这样一则小故事。

从前，有一位师父打发他的年轻弟子去集市买东西。可弟子回来后满脸不高兴。

于是师父问他："什么事让你这么生气？"

"我到集市上的时候，有些人直盯着我看，还不停地嘲笑我！"弟子撇着嘴说。

"哦？他们都嘲笑你什么呢？"

"笑话我个子矮呗！哼！可是，这些俗人哪里知道，虽然我长得不高，但我心胸可宽广着呢！"弟子仍是气呼呼地说着。

师父听完他的话，什么也没说，转身拿起了一个脸盆，带弟子来到海边。

弟子一脸狐疑地跟了过去，终于到了海边。只见师父先用脸盆盛满海水，然后往盆里丢了一颗小石头，脸盆里的海水立刻溅了一些出来。接着，师父又捡起一块大石头，用力扔进前方的大海里，而大海却依然平静，没有任何反应。

"你说自己的心胸很大，是吗？可我看，不见得，人家只是说了几句你不爱听的话，你就生那么大的气！就像这个丢进一颗小石头的脸盆，水花到处溅。"

弟子这才恍然大悟：和宽广的"大海"比起来，自己的心胸真的就只是像这个小小的"脸盆"一样啊！

心胸有多大，就能容得下多大的事。"世界上最宽阔的是海洋，比海洋更宽阔的是天空，比天空更宽阔的，是人的心胸。"

正如纪伯伦所言，一个伟大的人有两颗心，一颗心慈悲，一颗心宽容。无论是愤怒还是仇恨、无论是私心还是邪念，这些心灵的毒瘤都应当用宽容去消释。

唐朝武则天当政时，有一位宰相叫狄仁杰。他不畏权势，举贤任能，为后世所称道。然而狄仁杰何以位居宰相、治国安邦？这还要从娄师德荐相说起。

　　娄师德，身长八尺，方口薄唇。生平与人无争，遇事则让。他的弟弟出任州官，娄师德嘱咐他遇事多忍让。弟弟问："如果遇人唾面，我不去与人争执，自己去擦干，这总算是忍耐了吧？"娄师德竟说："如果把口水擦干，虽然并没有表示抗议和不满，但还是违背了人家的意愿。别人之所以吐口水，就是想侮辱你。别人没有达到目的，自然不会罢休。因此你最好的办法，就是让唾沫自己干掉，没有人时再把它洗去。"（"唾面自干"这个成语就是出自此）当时人们闻听此话，都佩服娄师德的气量。

　　更加可贵的是他的荐才之德。娄师德深知狄仁杰文武兼备，是国家难得的栋梁之才。他在任丰州（今内蒙古临河一带）都督时就曾向武则天力荐狄仁杰。狄仁杰虽然过去曾蒙冤入狱，但武则天还是听取了娄师德的荐言，提拔狄仁杰为相。

　　但娄师德并没有让狄仁杰知道是自己引荐的他。后来娄师德也回朝入相参机，同列朝班。由于政见不和，狄仁杰竟将娄师德排挤出朝廷，让其到边防上当了军事长官。娄师德入为相，出为将，气宇深沉，毫无怨言。

　　一天，武则天与狄仁杰商议朝政时，称赞娄师德知人善举。狄仁杰心中诧异，不由说道："臣尝与他同僚，未尝闻他知人善举。"

　　武则天笑着告诉他："朕得用卿，实由娄师德荐卿，难道不知乎？"

　　狄仁杰如梦初醒，相比之下，羞愧不已。他对别人说："娄公品德高尚，我为所容，今日方知，未免愧对娄公。"

　　娄师德荐才的美德和宽容的心胸让狄仁杰感佩不已，他竭力效仿，先后举荐了张柬之、姚元崇、史敬晖等人，才足称职，皆为名臣。当时人们都盛赞狄仁杰这种效法娄师德为国遴贤的高风亮节，故而有言："天下桃李，尽在公门。"

　　胸怀大小是成就事业的重要因素。因胸怀天下之志，故而能不计个人前嫌。这是一种眼光和度量，是雄才大略的表现。古人因胸怀博大成就事业者不胜枚举，齐桓公不计管仲一箭之仇，故能成其霸业。

　　春秋时期齐国国君齐襄公被杀。襄公的两个兄弟，公子纠和公子小白，听到襄公被杀的消息后，纷纷急着要赶回齐国争夺君位。

　　在公子小白回齐国的路上，遭遇到公子纠的师傅管仲等一干人马的埋伏。管仲搭箭瞄准，小白应声倒在车里。

　　管仲以为小白中箭而死，便放下心来，不慌不忙地护送公子纠回齐国。怎知公子小白是诈死，其实他和师傅鲍叔牙早已抄小道抢先回到了国都临淄，并当上了齐国国君，即齐桓公。

　　齐桓公即位以后，即发令追杀公子纠，并把管仲缉回齐国办罪。

　　但是鲍叔牙却向齐桓公力荐管仲。齐桓公气愤地说："管仲拿箭射我，我的命险些就丧在他的手里，这样的人怎么能用呢？"

　　鲍叔牙说："彼时他是公子纠的师傅，他用箭射您，正是他对公子纠的忠心。而此时，君位刚立，根基不稳。论本领，管仲远在我之上。主公若想成就一番大事业，管仲可是个用得着的人才。"

　　齐桓公听了鲍叔牙的话，不但没有降罪于管仲，还立刻任其为相，让他管理国政。而管仲也确实大展宏图，帮着齐桓公内整朝政，外开铁矿，齐国越来越富强了，终究成就了齐桓公春秋五霸之位。

　　能克己忍让的人是深刻而有力量的。圣人早有言："骤然临之而不惊，无故加之而不怒。"不仅是中国，外国也有很多宽得了人容得下事的智者。比如美国人戴尔·卡耐基。

戴尔·卡耐基初到电台工作时只是一个无名小卒，他为了扩大自身的影响力，勤奋努力地工作从未间断过。

但注意得再细，也难免会有失误。一次，在电台上介绍《小妇人》的作者时他竟失神大意地说错了地理位置。其中一位听众就恨恨地写信来骂他，把他骂得体无完肤。

那时的卡耐基因为没有什么知名度，还很少能收到听众的来信。可没想到少有的几封来信中，竟然是这样让他备受打击的言辞。他当时真想回信告诉她："我把区域位置说错了，但我还从来没有见过像你这么粗鲁无礼的女人。"但卡耐基控制住了自己，没有向她回击。他深吸了一口气，仔细地想了想，不管措辞如何，最起码说明已经有人开始关注他的节目了。他鼓励自己将敌意化解为友谊。他自问："如果我是她的话，可能也会像她一样愤怒吗？"他尽量站在对方的立场上来思索这件事情，因为卡耐基深知，只有获得听众的认可，才是一名优秀的电台主持人走向成功的基础。

他打了个电话给那位太太，再三向她承认错误并表达歉意。这位太太终于表示了对他的敬佩，希望能与他进一步深交。

得到自己朋友的拥护并不算多大能耐，让自己的敌人敬佩自己，那才是真本事。卡耐基就是有这样宽广的心胸，方能成为世界著名的激励大师。

拥有了宽广的胸怀，才能有更大的气量去容人；有了更博大的气量，才能有更多的空间去容天下。如此，大事可成。

远离浮躁，守住清静

浮躁，是人生的天敌。

没有一蹴而就、立等可取的捷径，也无须锱铢必较、患得患失的算计，更拒绝浮夸吹嘘、急功近利的作风，这便是摒弃了浮躁。

浮躁，是人生的天敌。一个浮躁的人，必然缺乏凝神聚魂的定力，缺乏拼杀搏击的勇猛。一颗浮躁的心，必然是无根的浮萍，缺乏内涵与魅力。试想，一个人如果心生浮躁之气，必定心神不宁，躁气附身。如此坐立难安，哪还有谋事之心，立业之志？浮躁是一种不健康的心理状态和情绪，是成功路上的绊脚石。一旦心浮气躁，人就会变得盲目、浅薄和暴躁，就会被社会的急流所裹挟，耐不住寂寞，经不起挫折，干不成事业，最终一事无成。

"非淡泊无以明志，非宁静无以致远。"古往今来，凡是成就事业之人，无不是淡泊名利、远离浮躁、意志坚定而又百折不挠之人。

人的属性中都具有一种自然的"弹性"，对自己的"膨化"放松很容易，而把握心境、战胜自己却相对较难。凡成事者，要心存高远，更要脚踏实地。枯燥无味时，忍于寂寞；纷繁动乱中，守住清静。人心谋定而动，但只顾努力耕耘，不问收获多少，乃至只顾种福而不求享福，才是最有福的人生。

许多年前，美国兴起石油开采热。有一个雄心壮志的青年人，也来到了采油区。

　　起初，他的本职工作是检查石油罐盖自动焊接得是否完全，以确保石油被安全地储存。每天，青年人都会上百次地监视着机器的同一套动作。首先是石油罐通过输送带被移送至旋转台上，然后焊接剂自动滴下，沿着盖子回转一周，最后，油罐下线入库。他的任务就是监控这道工序，从早到晚，检查几百个石油罐，日日如此。

　　这的确让人感到简单而枯燥。对此，青年人觉得很不满足，自己的能力做这样的工作岂不是浪费？于是便找主管请求调换工作。

　　主管听后冷冷地说："你要么好好干，要么另谋出路。"

　　年轻人涨红了脸，回去后冷静下来仔细一想，自己为何不能在平凡的岗位上发挥潜力，把工作做得更好呢？于是，青年人踏下心来，即使每天重复百遍，他也一丝不苟。

　　一天，他注意到一个非常有意思的细节：他发现在机器上百次重复的动作中，罐子旋转一次，一定会滴落39滴焊接剂，但却总会有那么一两滴没有起到作用。于是他想，如果能将焊接剂减少一两滴，这将会节省不少成本。经过仔细研究后，青年人研制出了"37滴型焊接机"。但是这种机器在运作时会有漏油的现象，于是他很快又研制出了"38滴型焊接机"。

　　这样，公司每焊一个石油罐盖，便会节省一桶焊接剂。虽然每个盖子节省的只是一滴，但正是这"一滴"却给公司带来了每年近五亿美元的新利润。

　　这个年轻人，就是日后掌控美国石油业的石油大亨——约翰·戴维森·洛克菲勒。

　　只有踏踏实实做人，兢兢业业工作，才能取得实实在在的成果。

　　置身于日新月异的时代中，要想不断提高修养、丰富自身内涵，就必须做到心无旁骛，冷静思考，点滴积累。只有摒弃心浮气躁，才能在扎实奋斗中固守住自己的定力；而沉不住气、稳不住神，将永远无法体味长远人生的深厚真谛。

用耐心积蓄力量，切忌急于求成

只有经历破茧成蝶的过程，才有日后的翩翩起舞。

成功的因素有很多，但摆在最后"压轴"的恐怕要数耐心了。耐心就是甘于把时间投入到简单、枯燥但是意义非凡的平凡当中去。耐心做事，一方面可以让我们积蓄力量；另一方面，只有历尽艰辛、努力奋斗而实现的愿望，才更加令人满足。有句谚语说"心急吃不了热豆腐"，生动地说明了耐心是成功的关键因素之一。

一针一线细心缝制的帆，才能迅速而安全地将我们送到成功的彼岸；用焦急与浮躁打造出的船，只能将我们埋葬在失败的汪洋大海中。一个人只有摆脱了速成心理，一步一步地积极努力，步步为营，才能达成最初的目标。

齐白石是中国近代画坛的一代宗师。齐老先生不仅擅长书画，还对篆刻有极高的造诣，但他也并非天生就有这方面的天赋，也是经过了非常刻苦的磨炼和不懈的努力，才把篆刻艺术练就到出神入化的境界。

齐白石年轻时就特别喜爱篆刻，但自己的篆刻技术总是不那么令人满意。于是，他向一位老篆刻艺人虚心求教，老篆刻家对他说："你去挑一担础石回家，刻好了之后全部磨掉，磨完后再刻。等到这一担石头都变成了泥浆，那时你的印就刻好了。"

齐白石就按照老篆刻师的话一丝不苟地去做。他挑了一担础石来，夜以继日地刻着。刻好了把它磨平，磨平了再刻，手上不知起了多少个血泡。

日复一日，年复一年，础石越来越少，而地上淤积的泥浆却越来越厚。最后，一担础石终于统统都被"化石为泥"了，而齐白石刻的印也天下无双了。

齐老获得成功的诀窍，就是对待事情的耐心与执着。只有以平和之心，始终如一地努力付出，在成功的路上才会走得稳健而坚固。

一味主观地求急图快，没有按照客观规律一步一步地积极努力，后果只能是欲速则不达，适得其反。有这样一则小故事，说明了耐心在自然界中的普遍规律性。

从前，有一个非常喜欢生物学的小男孩，很想知道蛹是如何破茧成蝶的。可是蝴蝶倒是看见得不少，蛹却很少见。

有一次，他终于在草丛中发现了一只蛹，便拿回了家，日日观察。

几天以后，蛹出现了一条裂痕，里面的蝴蝶开始挣扎，想抓破蛹壳飞出去。艰辛的过程达数小时之久，但蝴蝶仍在蛹壳里辛苦地挣扎，那对翅膀怎么也扑棱不出来。

小男孩看着蝴蝶这么痛苦，有些不忍心，很想帮帮它。于是他找来剪刀，将蛹壳剪开，里面的小蝴蝶瞬间就破蛹而出了。

但让小男孩万万没有想到的是，那只小蝴蝶毫不费力地从蛹壳出来后，因为没有经过破茧而出的锻炼，翅膀的力量太薄弱，以致根本飞不起来。不久，便痛苦地死去了。

破茧成蝶的过程原本就非常痛苦，然而，只有经历了这一艰辛的过程，才能换来日后的翩翩起舞。外力的帮助反而让爱变成了害，最终让蝴蝶悲惨地死去。凡事都有循序渐进的过程，违背了自然规律，急于求成，将会导致最终的失败。

抱着急于求成心理的人，恨不能一日千里，但往往事与愿违。不遵循客观规律，还没有练习好走路就想要跑，那是肯定要摔跟斗的。

所以，我们做人做事时，眼光应放长远些，注重知识的积累，以平和的心态始终如一地努力，自然就会水到渠成，达成目标。许多事业都必须经历痛苦挣扎、努力奋斗的过程，而这也正是让我们锻炼得更加有力、更加坚强的必经之路。

沉着冷静，别自乱阵脚

得意不忘形，失意不丧气。

人生在世，总免不了会遇到得意或失意的事。得意不忘形，失意不丧气。这是一种处世的态度，顺境坦然，逆境泰然。

所谓"祸兮福所倚，福兮祸所伏"。在外界环境突变或意外碰到始料未及之事时，我们更应沉着冷静，时刻保持清醒的头脑，这样才不会影响自身的正确思维，才能及时对客观事物做出准确的分析和判断。

古时有一个商人，在外苦心经营多年，终于攒下了一大笔财富。于是准备结束半生的漂泊，告老还乡与妻儿团聚，置田购房，安度晚年。

当时的社会比较动荡，路上常有劫匪。商人身着一件旧布衣衫，一双平底布鞋，扮作一个风餐露宿的行路人。他把所有的钱都买了玉器，有道是黄金有价玉无价。还为此特制了一把油纸伞，将粗大的竹柄关节全部打通，把珠宝玉器全部放入。身藏万贯家私，却貌似贫寒之士，他就这样轻轻松松地上路了。

果然好计谋！行路多日，无人打扰。这天中午到了唐家寺，天下起小雨。他来到了一个小面馆，要了一碗香喷喷的面。吃饱之后，不觉倦意难挡，外面又下着小雨，他不觉双手撑腮，打了一个盹。

一阵清凉的风吹醒了商人，天已黑了。揉揉眼，猛然间却发现油纸伞不见了踪迹，一身冷汗冒了出来——这把伞可是他的身家性命。

但商人不露声色，沉着冷静。仔细分析着有可能遭遇到的情况：他看到自己手里的小包袱完好无损，就大概能断定并没有人专门行窃。一定是有人只顾方便，顺手牵羊取走了自己的雨伞。

沉思片刻，商人有了主意。他叫来掌柜的，说自己看中了这个小镇，请帮忙租个房子。

掌柜的帮他在交通要道上租了个小房子。商人说，自己也不会什么别的技能，只能修个伞。于是，一间极小的修伞店在路边挂起了招牌。

他待人和气，心灵手巧，颇有人缘，人们都愿把伞拿到他那里去修理。谁也不知道这个小小的手艺人其实是腰缠万贯的富商，谁也不知道他每天谦和的笑脸背后掩藏着一颗紧张焦灼的心。他每时每刻都在等待着那把油纸伞的出现，经过他手的伞成千上万，却唯独没有他要的那一把。

一天，他接了一把破旧的伞，主人漫不经心地说："一把破伞值不了几个钱，反倒要花不少钱去修，太费事就算了。"

言者无意，听者有心。一句不经意的话启发了商人：自己的那把油纸伞也恐怕破得不能再修了……于是，商人又想了一个好办法。

第二天，过往的行人看到一条新鲜的广告：油纸雨伞以旧换新。人们纷纷询问，得到肯定的答复后，消息立刻传开了。

不久，来了一个中年人，腋下夹着一把油纸伞，恰是商人心系魂萦的那把。

可此时商人仍然不动声色地收下了破雨伞，犀利的目光一扫，就查到伞柄处完好无损。

他转身在店里挑了一把最好的雨伞递给来者，然后徐徐关了店门。

打开伞柄，商人看到了他的全部玉器，他竟惊喜得瘫坐在地上，半日无语。

第二天，修伞店很晚还没有开门。一打听，才知已是人去屋空。

商人悄悄地来到这里，又悄悄地走了。再以后，这个故事流传开来，当地人恍然大悟，纷纷赞叹商人的沉着、冷静和睿智。

成大事者，必须具备在任何情况下都能够沉着冷静、坦然面对的特质，就像孟子所言"夫勇者，骤然临之而不惊，无故加之而不怒"，否则只能自乱阵脚，甚至火上浇油。

在突遇危险时，只有不慌张，才能保持清醒，从而在事发后迅速地分析处境，机敏而勇敢地控制局面，把可能受到的伤害程度降到最低。在 2008 年的四川汶川特大地震中，就涌现出许许多多临危不乱、沉着冷静的救人（自救）英雄。

雷楚年，那年 15 岁，地震前是彭州市磁峰中学初三（3）班学生。

他是磁峰中学"第一批救援队员"。在 7 名同学脱险之后，他迅速"隐身"志愿者的队列，并四处奔波找到班上所有老师和同学。他在危急时刻的"弯腰一抱"，让一个和他同龄的鲜活生命因此而获救。

5 月 12 日，14 点 28 分，刚上完化学课的雷楚年在二楼的走廊上，一脸轻松。

伴随着突然的剧烈摇晃，雷楚年听到班主任陈冬在喊："地震了，快跑！"

雷楚年是班上的体育健将，身手十分敏捷。他飞快地向楼下冲去，成为整个教学楼里第一批冲出来的学生。

在恐惧和慌乱之中，雷楚年看到陈老师在往楼上冲——是去救人！

他没有丝毫犹豫，也立即折身冲回了二楼。回到自己的教室，里面竟然还有7名同学蹲在墙角。在雷楚年的催促下，6个同学跑了出来。但雷楚年的好朋友欧静已经被吓坏了，蹲在门口瑟瑟发抖。"我想拉她跑，可她像傻了一样，根本不动。"雷楚年急了，刹那间一弯腰，把欧静抱起来就跑。

15岁的雷楚年，并没有太大的力气。加上剧烈的摇晃，雷楚年抱着欧静跑得很吃力，走廊也变得十分漫长。好在欧静终于清醒过来，下地来自己走。在不断掉落的预制板水泥块的"雨林"中，雷楚年护着欧静一路狂奔。可就在没跑出几步的时候，一块预制板垮塌在了雷楚年和欧静之间。

欧静顺利地冲下了楼，而雷楚年的逃生之路却被阻断。

危急时刻，他忽然想起了那棵树，就在二层走廊外一米多远的地方。雷楚年第三次返回二楼，攀上摇晃的走廊栏杆，纵身一跃，他抱住了那棵救命树。

而就在那一瞬间，教学楼在他身后轰然垮塌。

如果在那样的危急时刻不冷静、东奔西跑的话，那么得救的概率就会很低。而雷楚年，一个15岁的小男孩，在突遇危险时，不但没有惊慌失措，反而用沉着和机敏抓住了求生的机会。在面对险境的时候，切莫惊慌失措，被眼前的乱局吓倒。慌乱只会让事情变得无章可循，让自己看到的整个世界都是混沌，从而更加引起内心的惶恐。

平心静气，避免正面冲突

你的忍耐可以让自己以理智看待事情，不会因一时激动发生偏差，影响全局。

在人与人的对立中，杀伤力最大的莫过于正面冲突。正面冲突有两种：语言冲突和武力冲突。语言冲突表现为两个人对叫对骂，武力冲突则由对叫对骂升级为对打。正面冲突一旦发生，就会对双方形象造成很深的不良影响，也会让两人的关系变得无法弥合。更糟的是，正面冲突只会激发早已存在的矛盾，并将它扩大至最大范围。

以和为贵是一种胸怀。尽量避免与人发生正面冲突，不论对骂还是对打，不论自己有理没理，不良后果都要由双方共同承担，自己还可能是无辜的那一个。不如在冲突发生时忍耐一下、退让一步，让对方发泄了自己的脾气，然后再寻求解决问题的办法。不然火药碰炸弹，杀伤范围成比例增加，实在让人吃不消。

避免正面冲突，克制与忍耐是唯一的办法，要讲理，要等到对方发泄之后，要公正，也要等到对方熄火之后，要知道对方只是冲动，你不回应就不会变成冲突。

在美国，当总统不是一件容易的事，他们一方面要处理国家大事，另一方面要不断应对来自议会的弹劾，有时候甚至要面对议员的怒骂。而总统们大多不与议员发生正面冲突，总是极力忍耐，等到对方发作完才做出解释。有这种平和的态度，往往更能得到民众的好感。

美国第25任总统威廉·麦金莱就是这方面的楷模，即使被人当面辱骂，他也会耐心地等对方说完，再以温和的口吻对对方说："如果你能够平心静气，我愿意详细给你解释这件事……"这种个性给民众留下了深刻的印象。如果每个人都能懂得如何回避正面冲突，就能够极大地减少人与人之间的矛盾。

人们想要避免正面冲突，是因为正面冲突有时候会由"事情"变成"事故"，而且，正面冲突很难控制，两个人面对面，你一言我一语，情绪越来越激动，而且在旁人面前，谁都怕首先示弱，被人看作胆小鬼，就算心里知道该马上结束冲突，也会因为面子而硬着头皮继续硬干，有时候，冲突是被环境逼的，想要避免冲突，先要解决发生冲突的土壤，即自己的心境。

受不了别人的重话、受不了旁人似是而非的怂恿、受不了当众下不来台，都可能让自己情绪失控，与他人发生激烈争执，想要避免正面冲突，首先要知道在什么情况下，人与人容易发生正面冲突。以下情况可以供你参考。

1. 原则冲突

原则冲突是不可调和的冲突，这已经不是个人见解不和的问题，而是一种人生观上的违背，互相理解的可能性极低。但是，原则说穿了是个人的一种选择，个人走个人的路，谁也挡不住谁，最多是看不惯对方。在多数情况下，没必要因为原则问题发生正面冲突，因为不管冲突多少次，你依然是你，别人依然是别人，你们依旧没有调和的可能，只是伤筋动骨，让双方都劳累。

2. 利益冲突

比起原则冲突，利益冲突有更多的可协调性，因为利益不存在绝对值，它可大可小，而且有长线效应，也就是说一时利益小了，把目光放长远，累积起来的小利益会变成大利益。这时候，谁也没必要因为一时的利益争执不休，如果实在谈不拢，干脆放弃合作，或各凭实力。最好的方法当然还是寻求共同利益的部分，彼此在能够允许的范围内退让几步。

3. 性格冲突

比起原则冲突、利益冲突，性格冲突既有不可逆转性，又有更大的可调和性，因为就算人们看一种性格不顺眼，依然有极大的共存可能，人的性格只要不那么过火，都能被旁人接受，谁没有性格呢？不必非要撕破脸，让对方难堪。

何况人的性格都是多面的，某个人的某一面性格让你觉得无法忍受，等你深入了解后，却发现他的另一面性格让你爱不释手，这个时候，你是因为不喜欢的部分放弃这个人，还是因为喜欢这个人而包容你不爽的部分？大部分人都会选择后者。而且一旦有了感情，你对曾经不喜欢的那部分也会有新的认识，甚至看到讨喜的一面，觉得过去的自己太过主观，形成了偏见。

4. 意外事故

意外事故不可把握，来得突然，冲突双方在突发的情况面前也难免失态。失态不要紧，关键是不要一直失态，要迅速回复到平日的水准，开始与对方协商解决问题，必要的时候可以为自己的失态向对方道歉。面对突发事故，人们最初都会气急败坏，冷静下来之后就会变得通情达理，只要你不纠缠，别人也不会非要和你争个青红皂白。

避免与人发生正面冲突，最需要的是一种忍耐的意识和一种忍让的态度，你的忍让可以让对方看到你的诚意，反思自己，从而增进彼此了解、和睦的机会；你的忍耐可以让自己以理智看待事情，不会因一时激动发生偏差，影响全局。

不要着急生气，克制比发泄更有效

冷静地思考才能找到最好的出路。

人活于世，谁也不能说自己从来没有生过气，完全没有脾气。情绪本来就是生活的一部分，每一件事情经过我们眼中，被我们用心思索，都会产生一定的情绪，我们需要做的不是克制情绪，而是克制不良情绪，不要让那些负面情绪影响我们的心灵，干涉我们的生活，让我们变得暴躁悲观、冲动易怒。由此可见，生气也有学问。

情绪化的人一生气就要发泄，或者对自己，或者对别人，发一顿脾气后，他们心情大好。如果这怒火指向自己，可以将其内部消化，一旦指向别人，就可能会给别人带来困扰或伤害。其实，生气的解决方法不能只靠发泄，克制才是对抗怒气的最好手段。愤怒只会持续一小会儿，持续不了太长时间，你在当时克制住了，过后自然不会再去没事找事地发火。

有修养的人会下大力气提高自己的克制能力，他们明白人生就像大海里的航船，思想就是船上的舵，而情绪就是握住舵的双手，能不能将船驶向自己想要的方向，全靠双手的掌控。如果任由情绪蔓延，偏差就会出现，偏差小了，只是多走一些路；偏差大了，也许会走向自己根本不想去的地方，也许会面临灭顶之灾。所以，聪明人最怕情绪失控，做出自己意想不到的事，他们会让自己冷静、再冷静，克制、再克制，拥有一份理性的心态。

10 年前，一个很有艺术细胞的青年想成为一个作家，他写了一封信给上海的一位知名作家，希望得到他的指教。一个月以后，作家的回信才被送到青年手中，青年一看回信火冒三丈：作家没有给青年提任何关于写作的建议，而是将青年信中的语法错误、句子错误用红笔画出，还列出了几个错别字。

骄傲的青年想回信讽刺作家一番，他在花园里绕来绕去，想着这封信的措辞。被风吹了半个小时，他的头脑清醒了一些，想到作家在百忙之中还给自己修改文法、指正缺点，虽然他提出的问题可能不合自己的意思，但初衷不也是为了帮助自己吗？

于是，青年给作家回了一封感谢信，谢谢他对自己的指正。作家见青年虚心肯学，不由对他多了几分好感，此后经常对青年指点一二，让青年受益匪浅。

青年人想要得到作家的指点，得到的却是不留情面的批评，起初青年人想要发火，冷静下来之后却写了一封感谢信，这就是一个心理成熟的过程。面对批评和非议，你可以选择大发雷霆，也可以选择虚心接受，哪一个能带来更多的好处？平心静气想一想就不难回答，不论起因还是结果，克制远远好过无意义的发泄。

有修养的人擅长克制自己，因为想要做一件事情，不论遇到什么都不要忘记自己的初衷，为了达到目的，忍受途中的怨气与怒气。当火气升高的时候，理智会给自己一杯冰水，提醒自己不要焦急，也不要愤怒，冷静地思考才能找到最好的出路。那么，如何在怒到极点的时候也能给自己的怒气"降温"？这是一个心理上的渐进的认识过程。

1. 温和地回应比愤怒地回敬更有效

彬彬有礼的人不容易与人冲突，即使他们受到冒犯，也会审时度势，客观地分析问题。他们把礼貌与温和当作自己的习惯，对待反对者也是如此。而且，没有比温和地回应更好的办法，温和，保持了个人的风度和礼节，在任何时候都不会让人抓到把柄；温和，有助于事情的解决，即使事情迫在眉睫；温和，也让人与人的关系从剑拔弩张到缓和，俗话说，伸手不打笑脸人，你有礼貌，多数人自然不好意思撒泼。

2. 保持理智，才能保证自己的正确

事实表明，一个人对事物的认识越全面、越深刻，他的怒气值就越低，自制能力也越强。足够的理智能够带来过人的自制。控制自己的言行，能确保你在任何情况下不去伤人伤己、有损体面。理智的态度能够保证结局的正确，也让你说的话与做的事更有说服力。

人是情绪动物，培养理智是一个过程，需要长期思考，保持理智也是一个过程，需要长期实践。吃一堑长一智，仔细想想你上一次发脾气是在什么时候？造成了什么样的不良后果？多多检讨，自然会在下一次同样情况出现时多一丝冷静，不再头脑发热。

3. 培养毅力，加强克制能力

一位苏联教育家说，没有克制就不可能有任何意志，在诱惑面前，只有毅力能够保证自制能力持续发挥作用，毅力代表的既是一种坚持，也是一种果敢的进取态度，没有毅力不足以成事，有毅力的人才能对诱惑克制、对情绪克制、对生活克制，保证自己朝着目标稳步行进，而不是旁逸斜出、朝三暮四，更不会因为一时情绪耽误正事。

4. 自我调整心态，保持情绪平衡

每个人对周围的事物都有自己的一套观念，看到某种情况，下意识地做出评价，而且在冲动状态下，这种评价几乎无法更改。为了避免这种偏颇和冲动，在平日就要保持心态的平静、情绪的稳定。要知道影响我们情绪的外界因素很多，如果想在形势复杂的时候保持理性，就要有一颗以不变应万变的平常心，平时不因小事大惊小怪，大事发生的时候才不会乱成一团。

发怒的直接后果不是麻烦，而是后悔，后悔自己因为冲动而伤害了别人，后悔贪图一时快意而造成不良影响，更后悔一次发怒而让自己失去了某种机会。对人事愤怒，与他人争执的最佳结果莫过于以理服人，再退一步，至少保证自己没有损失。面对正面冲突，不妨一笑了之，与人宽容，与己方便。

第十四章　征服情绪，你就征服了一切

> 如果你不能左右情绪，就会被情绪左右。情绪可以管理，情绪决定一切。提高情商，征服情绪，控制心情，拥有良好的情绪状态，你就能掌控自己的人生。

情绪控制一切

情绪可以成事，也可以败事。

米开朗琪罗曾说："被约束的才是美的。"对于情绪来说也是如此。一个人的情绪如果不能得到有效的调控，如果遇到喜事的时候就喜极而泣，遇到悲伤的事情时就一蹶不振，那么人就有可能成为情绪的奴隶，成为情绪的牺牲品。相反，如果能征服自己的情绪，就能征服一切。

当然，情绪有很多种，如希望、信心、乐观、悲哀、愤怒、失望、忌妒、仇恨，等等，其具体的体现就是我们的心情。

可以试想一下，如果你一会儿心情忧郁，情绪一落千丈；一会儿又怒气冲天，使你的朋友们对你敬而远之；一会儿又情绪高昂、手舞足蹈，谁还愿意与这样情绪不定的人交往合作？而且，情绪不稳定的人对于自己确立的目标也常常不能坚持到底，做事容易情绪化、朝三暮四，高兴了就做，不高兴就扔在一边，丝毫没有计划性和韧性，这样的人能成功吗？

因此，一个人成功的最大障碍不是来自外界，而是自身。除了力所不能及的事情做不好之外，自身能做的事不做或做不好就是自身的问题，是自制力的问题。只有成功地控制了自己的情绪，才能够走向成功。

有一名消防队员威廉·鲍杰士感到特别忧虑。他处在不上不下的情况——弄不清楚自己的年资能不能保住工作，解雇与否是以年资来决定的。他的年资可能超过解雇标准，也可能低于标准。他担心如果失去工作该怎么办，但是又推想自己可能不在解雇之列。

最终他克服了他的忧虑。最坏的情况是：他会失去他的工作。他可以接受这种情况，他还年轻，可以重建他的生活。那么现在该采取什么行动呢？他决定再去进修，准备开创新的事业。一旦下定了这个决心，忧虑就不再主宰他的生活。就算他能保住工作，他还是要去进修，这样纵使纽约市政府再进一步解雇人员，或者他退休了，或是他自己决定离开消防队，都不怕没有事情做。

确实，在日常生活中，我们难免会遇到愤怒和悲伤的事情，这个时候，要做的不是自暴自弃、忧伤难过、愤怒发火，而是要学会运用理智和自制来控制情绪，一定要学会自我调节，千万不能任由负面情绪蔓延。

例如，当我们内心焦躁的时候，要试着理智地分析原因、恢复自信，让自己振奋起来。

当我们感到抑郁的时候，不要把自己封闭起来，要试着通过交谈、运动、听音乐、看书等方式来缓冲内心的压抑，让自己慢慢得到解脱。

当我们忌妒的时候，让自己变得宽容一点儿，试着去看到别人身上的优点，学会欣赏和给予真诚的赞美，不要把时间和精力用在议论别人身上。

当我们疲惫的时候，去散散步、唱首歌，消除一下心中的烦恼，清理一下烦乱的情绪，唤起自己对美好生活的憧憬，体会活着的幸福。

人是一种情绪动物，只要与人打交道就自然会有各种负面情绪滋生，但假如任由恶劣情绪控制自己，人生将变得毫无乐趣。被愤怒控制，会因冲动铸成大错；被烦躁控制，会坐立不安、一事无成；被忧伤控制，会日渐消沉，看不到生活的希望。

如果你能够恰当地掌握好情绪，那么将在别人心目中留下"沉稳、可信赖"的形象，你的人生也必定会因此而受益匪浅。

总之，驾驭好自己的情绪、增强自控能力是取得成功的一个重要因素，也是获得成功人生的重要法则之一。

人，切不可感情用事

人是一种感性动物，虽然有时能够保持理智，但也逃脱不了感性的束缚。仅凭一时的好恶行事，只能一直犯错。

与人交往时，关键在于控制自己的感情，保持头脑冷静、自律自省，做到喜怒不形于色。

如果遇到问题就感情用事，开始发怒、生气，不仅于事无补，反倒会让你的处境越来越糟。想办法去解决摆在面前的问题，克制一时的冲动、谨言慎行，学会冷静地思考、理性地判断，才是真正有用的。

然而，有些人根本没法控制自己的感情，他们一遇到不愉快的事情就怒气冲天，或者一听到高兴的事情就笑逐颜开。如果他们能多关心别人，经常反思自我、自律自警，那么一切都会变得更好。这种人可能更习惯让理智控制自己的心情，而不是像大多数人那样让心情控制了理智。

所以，能够理性思考的人才是真正明智的人，而感情用事则是犯错误的开始。

下面是一则关于巴顿将军的故事。

巴顿是一个军事天才，传奇人物。然而，他那两次冲动的"打耳光"事件却让他臭名远扬，还把他辛辛苦苦赢得的美名一笔勾销。

第一次发生在意大利，1943 年 8 月，炎热的午后，跟往常一样，巴顿来到西西里的撤退医院看望伤员。一个帐篷里住着 10~15 名的伤员，他跟战士们聊着，前五六个都是打仗时挂了彩。巴顿问候了他们的伤势，对他们的英勇表现给予了夸奖，并祝他们早日康复。

接着，巴顿走到一个发高烧的伤员前，没说什么就过去了。下一个伤员蜷缩在地上，浑身发抖，巴顿问他怎么回事，他说"是神经问题"，然后就哭了起来。原来，这位伤员患上了名叫"弹震神经症"的战场疲劳症。

巴顿喊道："你说什么？"士兵答道："是我的神经问题，我再也受不了炮弹的声音了。"他还在哭。

巴顿大声喊道："你的神经问题？你是个懦夫！你这个胆小的兔崽子！"他给了士兵一记耳光，说："闭上你的嘴，别哭了。我不会让其他受伤的勇敢士兵坐在这儿看你这个胆小鬼哭鼻子！"他又踹了士兵一脚，把他踹到另一个帐篷里，致使他的头盔衬垫都掉了。然后，他扭头对伤员接收官吼道："不要收留这个胆小鬼，他一点儿事都没有，我可不允许医院里都是些没胆打仗的兔崽子！"

然后，巴顿又转向那个士兵，士兵正在大家的注视下哆哆嗦嗦地挣扎着站起来，巴顿对他说："你给我滚回前线去，你可能会吃枪子儿、被打死，但你还是要去打仗。你要是不去，我就派人把你按到墙上，找行刑队把你毙了！"他又说："说真的，我应该亲手把你毙了，你这个哭哭啼啼的懦夫！"边说边把手伸进枪套。走出帐篷时，他还一路上对伤员接收官喊道："把那个胆小鬼给我送到前线去！"

第二次与第一次的情况差不多。一个士兵向他诉苦说得了"弹震神经症"，他用手套扇了士兵一耳光，骂道："我不要那些勇敢的孩子们看到你娇生惯养！"

因为不擅自制、感情用事，结果巴顿的工作受到影响，别人也不那么尊敬他了。

假如你发现自己被突然爆发的感情、疯狂或愤怒所控制，那就默默地在心底克制它，至少在你觉得这种情绪尚未消除之前不要讲话。尽可能地保持面色平和、神情自然、注意力集中，如此能帮助你养成处世冷静的习惯。只要你小心谨慎地掩饰你内心的愤怒，那么你就会成为最终的胜利者。

如果你动不动就生气，那是因为你自身还存在很多问题。你得找出这些问题解决它们，然后继续前进。

或许你还不知道，其实，别的人或事并不能使我们愤怒，他们只是点燃了我们内心深处本来就有的愤怒。这个道理很简单，也很容易理解。这就像你切开一个柠檬然后拿起来挤，会挤出柠檬汁一样。如果你把一个发怒的人"切开"，然后拿起来"挤"，挤出的肯定是愤怒。也就是说，如果我们心里本来就没有愤怒，是挤不出愤怒的。

但是，如果我们足够对自己负责，就会控制自己的情绪，就没有什么东西能影响我们了，就可以做到不以物喜、不以己悲了。

克制嗔念，嗔心是人生最大的"病"

嗔念是一种难解的执念。用自律来克制嗔心，才能不怨不怒。

在说文解字中，嗔的意思是盛气，这就是说一个人不能戒嗔就会变得盛气凌人，于人于己都不利。

嗔心似乎是人天生就有的一种人性的弱点，就连刚刚出生的小孩子也或多或少有些嗔心，例如他希望母亲喂奶给他吃，稍不如他的意，他马上就会拍手跺脚，大哭起来。可以说，人与生俱来皆有嗔心，而在人生的修行中能够戒除自己的嗔心也是非常重要的一门功课。

佛家有云：当愚痴的邪风吹来的时候，要抱紧智慧明理的磐石；当嗔怒的烈火炽盛的时候，应泼洒柔和忍耐的法水；当贪欲的洪流高涨的时候，需开启喜合布施的闸门；当骄慢的高山隆起的时候，需运用谦虚尊重的巨铲。一个人只要通过自律来管住自己的坏脾气、端正自己的态度，就会成为一个道德高尚的人。

人一旦有嗔心，大多会变得面目狰狞、难以接触，这样的人自然不会有好的人际关系。但是不要以为不会"动怒"的人就没有嗔心，有的人口蜜腹剑，这是隐藏的嗔心，这种嗔心虽然没有外在的表现，但也属嗔心，对人同样无益。

嗔心是人生最大的"病"，这病又是从何而来呢？星云大师说：嗔心其实就是由"不爱"而生起。所谓的"不爱"就是憎恶。因为不爱别人做事有不如自己的意之处、不爱别人胜过自己、不爱自己所爱的为别人夺去，所以产生了无尽的嗔心。嗔心给人带来的坏处是显而易见的，每个人都有过直接的体会，每个人也都想戒掉自己的嗔心，但是说起来容易，做起来难。一个不懂得"爱"的人，很难真正消除嗔心。

有一个富豪总认为自己手下的人非常愚蠢，完全没有可爱之处。儿女奴婢无论做什么事，稍有不如他的意，他就怒火中烧。

因为他性情暴躁，家中财产虽多，可是人丁却总是不旺。他自己也知道嗔怒不好，一心想改，就在一块小木牌上写上"戒嗔怒"三个字，挂在胸前警戒自己。一天晚上，他听到家里的仆人聚在一起议论："我们的主人嗔心太大，不如隔壁刘先生仁爱慈和，所以时时都想离开他。"

"你们的胆子真大！"说完，他就拿下挂在胸前"戒嗔怒"的木牌打那个批评他的仆人，大怒道："我现在已经很有修养了，把嗔心都已消除，你们还要说我不如人！"

这个人自认为胸口挂上一个"戒嗔怒"的牌子就没有了嗔心，但他还是不爱别人说他的过失，不爱听说别人比他好，更不觉得他人有可爱之处，所以嗔心还是没有消除。

要想真正根治"嗔病"，只需要记住两个字——爱、忍。

人之所以会患嗔病，就是缺乏修养的功夫，遇到不爱的逆境，遇到什么不顺利的事情，好像天地间的万物都在嘲笑自己，一切都是可憎可厌的，恨不得一拳把世界粉碎。

其实人生中哪有那么多的不顺利？人需要懂得世间一切都是平等的，别人有对你不好的地方，但是同样他们也曾给过你不少的好处，你应该去"爱"每一个给过你好处的人，忍让每一个曾经给你带来过灾难的人，只要有了这种忍的修养，嗔的大病就不易生起了。其实，世间一切不爱的事情、一切难以解决的问题，难道起嗔心就能解决吗？肯定是不能的。嗔心只会增加事态的严重性。所以，凡事都要仔细想想，不要无谓地嗔怒。"若以争止争，终不能止；唯有能忍，方能止争。"

有生气的时间，不如给自己争口气

生气不如争气。

哲学家说，生气就是用别人的错误惩罚自己。仔细想想，这句话真是人生的真理。我们之所以会生气，大部分原因是因为别人对自己犯下了错误。而生气除了能让自己不愉快，又能改变什么呢？这难道不是在用别人的错误惩罚自己吗？我们与其为别人的错误而生气，倒不如自己努力，给自己争口气来得实在。

道理很明白，但是很多人却做不到。因为在遇到问题的时候，我们总是喜欢从别人身上找原因，为别人而生气，却很少将问题归结于自己的不足，督促自己进步，获得解决问题的能力。虽然父母师长时常叫我们要争气，不要生气，可是我们遇到挫折困苦的时候总是不能坚强忍耐，不懂得自我争气。

因此我们应该警醒，有和别人生气的时间，真不如自己给自己争口气。

一位作家被邀请去一所大学做演讲比赛的评委。参赛选手经过抽签确定了演讲的顺序和主题之后，第一位选手表情很不满地走上台去。"同学们，尊敬的评委们，这是一场不公平的比赛！我领到这张纸以后，只有几分钟时间做准备，在我之后的人有更充裕的时间做准备，这是不公平的！"

在众人一片惊讶的表情下，他走下讲台，冲出了大厅。这个学生的离开并没有给比赛造成任何影响,比赛顺利进行,有人在比赛中获得了荣誉,有人则锻炼了自己。

过了几天之后,这位作家偶然遇到了那个生气离开的男孩,就对他说:"你因为不公平而生气、而离开,可是你有没有想过,只要自己争气,那么即便是不公平,你也能获得成功?"

男孩听了作家的话之后非常惭愧,但是他也从中领悟到了做人的道理。

生活中,我们总是会遇到一些比较困难或者自己不愿意做的事。当这些事情无可避免地发生在自己身上的时候,生气又有什么用呢?只有给自己争气才能摆脱困境、走向辉煌。

所谓争气,就是不因一时的失败而泄气,要能力图上进;不因一时的挫折而丧气,要能奋发图强;不因一时的贫苦而壮士气短,应该鼓舞精神,更加争气。当一个人受到挫折与委屈时,只有自己努力争气,能以愿心为动能,能够化悲愤为力量,才有前途与未来。

有一个年轻人经常因得不到领导的赏识而生气抱怨。一天,他去拜访恩师,并向其道出了自己的烦恼。恩师听后,就领着这个年轻人到了海边,他弯腰捡起一块鹅卵石抛了出去,扔到了一堆鹅卵石里,并问道:"你能把我刚才扔出去的鹅卵石捡回来吗?""我不能。"年轻人回答。"那如果我扔下一粒珍珠呢?"恩师再问,并别有深意地望着年轻人。年轻人顿时恍然大悟:一味地生气抱怨只是徒劳,唯有争气,凭借实力迅速脱颖而出,才是明智的做法。

如果你只是一块平常无奇的鹅卵石,就没有生气与抱怨的权利,因为你自身还没有被注意的闪光点。此时就需要争气，不断提升自身的实力，最终成为一粒耀眼的珍珠。到那时，你说话才能理直气壮、掷地有声，最终得到别人的认可与尊重。

要争气，就得先有志气。立志向上、立志做人、立志争气。立志就是争气的原动力。要想自己不生气，就必须要争气；我们要想争气，就必得先立志。人有志气，又何患无成呢?

一个人想要有忍耐力，就要清楚地知道自己到底想要什么、到底渴望什么，这是开发忍耐力最重要的钥匙。没有明确的目标就像大海里的一片树叶，随波逐流，永远也达不到彼岸。

保持冷静，不生气

平心静气，冷静自在，获得幸福快乐的人生。

受挫时要保持冷静，在冷静中镇定反省；成功时更需冷静，在冷静中寻找新的起点，创造更大的辉煌。冷静与思考孪生，它使人深邃、催人成熟；冷静即力量，它使人充实、永葆青春。

一个人若不能控制自己的情绪，放任自己的负面心理，便很难获得成功。所以，在一切困难和坎坷面前，你一定要做到心态上的自律，让自己始终保持冷静。

西方有这样一则寓言。

一只狮子被猎人捉来后扔进笼子里。一只蚊子飞过这里，看到了在笼子里面不停地走来走去的狮子，问："你这样走来走去有什么意义？"狮子回答说："我在找我能够逃出去的路。"可狮子怎么也逃不出去，于是它躺下来休息，不再去想逃走的办法。可是蚊子还是在火急火燎地询问它逃出去的办法。

狮子无精打采地说："我现在在休息。因为我找不到逃出去的办法，所以还是耐心地等待机会吧。"

当蚊子还想问时，狮子终于发火了："你总是这样问来问去的有什么意义？我始终都清楚自己在想什么、在干什么，因为我一直保持着清醒，实在逃不出去我也没有办法，我已经尽力了，不像你只会问来问去。"

虽然狮子最终没有逃过被杀死的命运，但是它却始终保持了清醒的头脑，这使它不会感到遗憾，因为该想的办法、该做的努力它都已经试过了。

其实，人也应该这样，也需要始终保持清醒的头脑，只有这样，一生才能无所遗憾与牵挂，才能够清醒地认识自己。这有利于我们更好地完善自己，实现人生的全部意义。

有句话是这样说的："冷静质疑是理想的筋骨，保持冷静质疑的态度也是清醒的表现。人生中最大的痛苦就是糊涂一生，虽然有时会说糊涂也是一种幸福，但更多的则是悲伤与苦涩。"

冷静说起来容易，但是做起来却很难。我们太容易愤怒、太容易慌张，所以要想冷静就要有强大的自律精神。古今中外，因为不冷静而铸成大错的例子不胜枚举，著名的俄罗斯诗人普希金就是因为不够冷静，当听说自己的情人被他人纠缠时，冲动地找他的情敌比剑，结果白白断送年轻的生命，成为世界文学史上重大的损失。《三国演义》中的关羽也是由于不够冷静，不能对当时的战场情况作正确的分析，一味地蔑视敌人，结果兵败走麦城，死于无名小卒的绊马绳索之下。著名的爱情故事《罗密欧与朱丽叶》中，朱丽叶也是因为看到自己的爱人死于毒药之下而不够冷静，冲动地喝下了毒药，结果，爱人醒来，她却死去，空留悲切。

人类有一个有趣的特征，那就是越到需要紧迫作出决定的时候，思想越容易混乱，有的人的思维干脆已经不作反应了，这就是人们常说的"惊呆了"、"急懵了"、"惊慌失措"，等等。就是因为这种惊呆和急懵，很多不幸就这样发生了。这时，假如你能有冷静的情绪、清醒的头脑的话，很多危险都是可以杜绝和化险为夷的。就像伟大的军师诸葛亮一样，司马懿率重兵于城前，他却能够保持冷静的头脑,上演一出"空城计",令司马懿狐疑不敢前行,最后退去。这是何等的冷静和睿智。

因此,你要记住,越在危急的时候越需要冷静。假如你的生活中出现了重大的变故,你一定要保持镇静,至少看上去是镇静的。因为惊慌是带有传染性的,你会把这种坏情绪传染给你身边的人,这样,他们会更加惊慌,如此这般很容易形成恶性循环,甚至造成很严重的后果。

青蛙王国的国王要为女儿选纳贤良,要求就是组织一场攀爬比赛,第一个爬到塔顶的青蛙就会得到貌美如花的青蛙公主。

因此,群蛙纷纷报名,场面甚是热闹。

这是一个非常高的铁塔,仰头都看不到它的顶端,仿佛直插云霄一样,看一眼就让人感觉头晕目眩,比赛还没开始,就有一些青蛙临时退出了比赛。

比赛开始了,围观的群蛙纷纷议论着,它们认为爬塔的难度太高,不可能成功。

这座铁塔的确很难爬,又陡又滑,一不小心就会丧命,再加上群蛙们不停地议论,所以,青蛙们一只接一只地开始泄气退出了,仅有情绪高涨的几只还在往上爬。

群蛙继续喊着太难了,不可能爬上塔顶,会丧命的,赶紧下来。

就这样,越来越多的青蛙累坏了,退出了比赛。

最后,其他的青蛙都退出了比赛,仅有一只还在越爬越高,一点儿没有放弃的意思。终于,它成为唯一一只到达塔顶的胜利者。

它哪来的那么大的毅力爬完全程的呢?难道它不知道爬塔很危险吗?难道它没听到塔下群蛙的议论吗?

大家议论纷纷,胜利者却置若罔闻。

这时大家才发现，这只抱得美人归的青蛙原来是个聋子。

故事中的聋子青蛙之所以能够坚持到最后，就是因为它没有被周围的恐慌气氛所影响，保持着冷静的态度，这就说明，其实大部分时候我们所面临的处境并没有那么可怕，但是不冷静的流言却放大了恐惧，使我们总是生活在恐慌之中，由此可见冷静是多么可贵的品质。

那么，当我们在生活中遇到难题的时候，该如何保持冷静、克服内心时常产生的烦恼情绪呢？下面提供几条比较实用的建议。

1.冷静防火墙一——"想法灭火"

你会心生不满，是因为你对身处的状况做出了不利于自己的评价。例如："他迟到那么久，根本就是不在乎我！"或者会认为："他是故意伤害我的感情！"这么一想你当然怒不可遏，心情立刻愤愤不平。

在这个"动念发火"的当下，只要能多一分自我觉察的功力，在心中与自己作辩论："且慢，这个解释真是唯一正确的答案吗？"于是你心中便会产生其他的想法来作解释："也许他是不得已才迟到的！""恐怕是我错怪了他！"这样就能成功发挥第一道防火墙的灭火功能而不致失去理智。要建筑坚固有力的"防火墙"，你必须拥有良好的自觉能力以及具备同理心和善意解读世界的能力。

2.冷静防火墙二——"冲动灭火"

万一第一道防火墙被突破，你没来得及拦截住心中负面的情绪，这时就会产生一些冲动的念头："我就要给你点儿颜色瞧瞧！""我豁出去了，不让你难受，我誓不罢休！"多年演讲和听众互动的经验告诉我们，即使再温柔和善的情商高手也曾有过不理性的冲动念头——"我真想打人！"

这个蠢蠢欲动的当下，如果"灭火"得当，就能避免悲剧的发生。怎么做呢？建议你跟自己的心对话："再等一下就好。"然后开始进行"数数法"，在心里如此默数："1、4、7、10、13……"以此活络大脑的理性中枢，而其他的理性想法也就能跟着出现："等等，这么做并不能真正解决问题。"因此能悬崖勒马，不致冲动行事。

人总是太容易生气。遇到不如意的人、事，心中便生出怨恨而气恼，因为气恼，所以我们的人生变得怨气冲天、毫无乐趣。在面对责难和不幸时，能够保持冷静是成功者的美德。

3.冷静防火墙三——"行动灭火"

万一发现前两道防火墙也失效，你发觉自己开始恶言恶语，要不动手动脚起来，这时虽然你已经开始非理性的行动，只要不放弃，你仍然是能够冷静的。例如，一旦意识到自己的言行失态，就要考虑到自己的格调（这实在不像我）以及对方所受的身心创伤（天哪，他会被我打伤），就能立即停止动作，避免造成更进一步的伤害，这样就能为行动灭火而逐渐冷静下来。

抓狂，是需要冲破三道防火墙的，只要你做好情绪的"消防检查"，了解自己哪一道防火墙仍待加强、多加练习后，就能为激情灭火，平心静气而冷静自在，获得幸福与快乐的人生。